本书荣获
2015 新浪育儿网友喜爱图书作者奖

宝宝来到这个精彩的世界，一切都要从零开始，需要学习的东西特别多，这其中就包括吃的技能与习惯。从出生到 3 岁是宝宝一生中生长发育最快的时期，是智力启蒙和情商培养的关键期，也是学习吃的技能、养成良好饮食习惯的黄金期。

民以食为天。营养是宝宝生长发育的物质基础，只有吃得好，宝宝才能健康成长。宝宝学习吃的学校是家庭，学习吃的老师是家长，家长要掌握一些科学喂养特别是辅食添加的知识，担当起科学养育的重任。

宝宝辅食添加与营养配餐

（第2版）

李　璞◎著

北京科学技术出版社

目录 Contents

附录

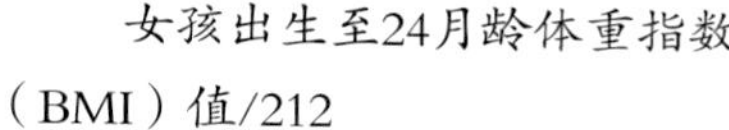

第1章

辅食：宝宝的成长加油站

无论是纯母乳喂养，还是混合喂养或人工喂养，宝宝6月龄时都要添加辅食了。辅食，顾名思义，是母乳和配方奶以外的富含能量和各种营养素的辅助食物，它是母乳和配方奶与成人食物之间的过渡食物。为宝宝正确添加辅食，对宝宝的身体、智力和心理发育都会产生重要影响。

第 1 节 添加辅食好处多

宝宝出生后要做的第一件事就是学习吃。您也许会问：“难道吃也要学习吗？”回答是肯定的，只有会吃，才能吃出健康、吃出智慧来。

起初，宝宝要学习吃母乳，母乳是宝宝出生后一段时期内最理想的食物，尤其是妈妈分娩后最初几天分泌的初乳和 6 个月之内的母乳，无论从营养的全面、均衡、合理，还是从抵御疾病、卫生、经济等方面看，都非常适合这一阶段宝宝生长发育的需要。更重要的是，母乳喂养非常有助于母子亲情的建立。所以，世界卫生组织建议纯母乳喂养 6 个月，添加辅食后继续母乳喂养至 2 岁或 2 岁以上。我国卫生与计划生育委员会（后简称“计生委”）和中国营养学会也提出了相同的建议。但实际上，很多妈妈休完产假就要上班，母乳喂养很难坚持到 2 岁，因此我建议母乳喂养至少坚持到宝宝 1 周岁。也有一些新妈妈，由于种种原因不得不采用混合喂养或人工喂养哺育宝宝。无论是母乳喂养，还是混合喂养或人工喂养，宝宝 6 月龄（出生 180 天）前后都应该开始添加辅食了。

辅食，顾名思义，是母乳和配方奶以外的富含能量和营养素的辅助食物，是母乳和配方奶与其他食物之间的过渡食物。从只吃母乳或配方奶到接受成人食物，这一过程从宝宝 6 月龄前后开始一直持续到 24 月龄，世界卫生组织将其称为“补充营养阶段”。在这一阶段为宝宝正确添加辅食，对宝宝的身体和心理发育都会产生重要影响。许多婴儿就是从这一阶段开始出现营养不良的，没有正确添加辅食在很大程度上造成了世界范围内 5 岁以下儿童营养不良的高流行率。

温馨提示

把辅食称为“断奶食物”是不准确的，因为在添加辅食后的半年内，奶仍然是宝宝的主要营养来源。即使 1 岁后宝宝可以和大人一样吃一日三餐了，有条件的依然可以吃母乳，不吃母乳的也应该继续喝奶，要让宝宝养成终身喝奶的好习惯。

1 可促进宝宝的消化系统发育

宝宝出生时消化系统尚未成熟，只能接受母乳和配方奶等液体状乳类食物。出生后，宝宝的消化系统不断发育，到6月龄前后已经做好了接受其他食物的准备。此时添加辅助食物可增加宝宝唾液及其他消化液的分泌量，增强其消化酶的活性，促进淀粉酶的发育，使宝宝可吸收的营养素越来越多，以满足宝宝生长发育的需要。如果不及时添加辅食，宝宝的消化系统发育就会受影响，对营养物质的消化吸收能力得不到应有的提高，宝宝就有可能出现生长发育速度减慢的现象。

及时添加辅食不仅可扩大宝宝可吸收营养素的种类，而且还可促进母乳和配方奶中营养的吸收。因为6月龄前后宝宝的胃肠蠕动加快，母乳或配方奶在胃肠中停留的时间缩短了，营养素的吸收自然受影响。添加辅食，奶和辅食混合后会变得比较黏稠，可延长其在胃肠道里停留的时间，提高奶中营养素的吸收率。

2 可锻炼宝宝的咀嚼和吞咽能力

刚出生的小宝宝之所以只能吃母乳等液体状乳类食物，不仅因为其消化系统发育不成熟，无法消化吸收其他食物中的营养，还因为他只会吸吮和吞咽液体食物，不会吞咽和咀嚼液体食物之外的其他性状的食物。吞咽和咀嚼非液体食物的技能不掌握，宝宝就无法扩大食物的种类和范围，也就无法满足其生长发育对营养物质的全面需求。

吞咽和咀嚼动作的完成需要舌头、口腔、面颊肌肉和牙齿彼此协调运动，必须经过对口腔、咽喉的反复刺激和不断训练，而添加辅食正是进行这一训练的最好方法。

温馨提示

宝宝各个器官和系统的发育都有其关键期，学习咀嚼的关键期是6月龄前后，错过了这个时期，被压抑的潜能可能就无法再被充分挖掘了。

3 可供给宝宝更充足的营养

出生后第一年是人一生中生长发育最快的时期，身体和大脑迅速发育。足月出生的宝宝，4～6月龄时体重可达出生时的2倍，满12月龄时达到出生时的3倍，满24月龄时达到出生时的4倍；身长也在满12月龄时增加50%，在13～24月龄时可再增加39%，大约达到成人身高的一半。新生儿大脑重量约为成人的25%，满24月龄时则可达到成人的80%。如此快速的生长发育需要相对较多的能量、蛋白质、铁、锌、维生素A、维生素D、长链多不饱和脂肪酸、胆碱等。世界卫生组织和我国卫计委进行的乳母泌乳量调查显示，营养良好的乳母产后 6 个月内每日泌乳量可随婴儿月龄的增长而逐渐增加，成熟乳量平均每日可达 700 ~ 1000 毫升，可以满足出生至 6 月龄宝宝的营养需求；混合喂养和人工喂养的宝宝，也可以从母乳和 / 或配方奶中获取足够的营养。但 6 月龄后，继续母乳喂养的宝宝，其所需要的部分能量（1/3 ~ 1/2），以及 99% 的铁、75% 的锌、80% 的维生素 B_6、50% 的维生素 C 等都需要从乳类之外的食物中获得。

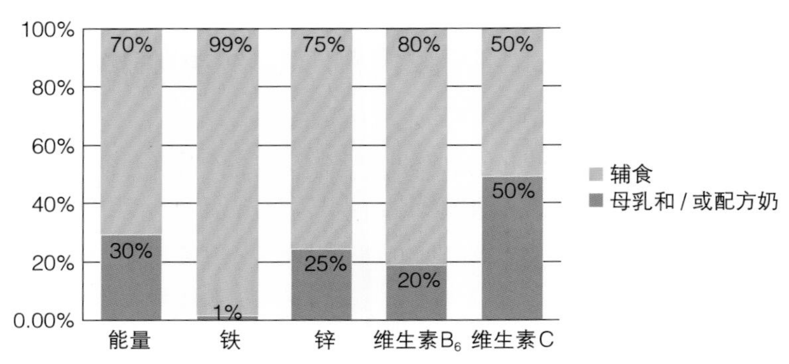

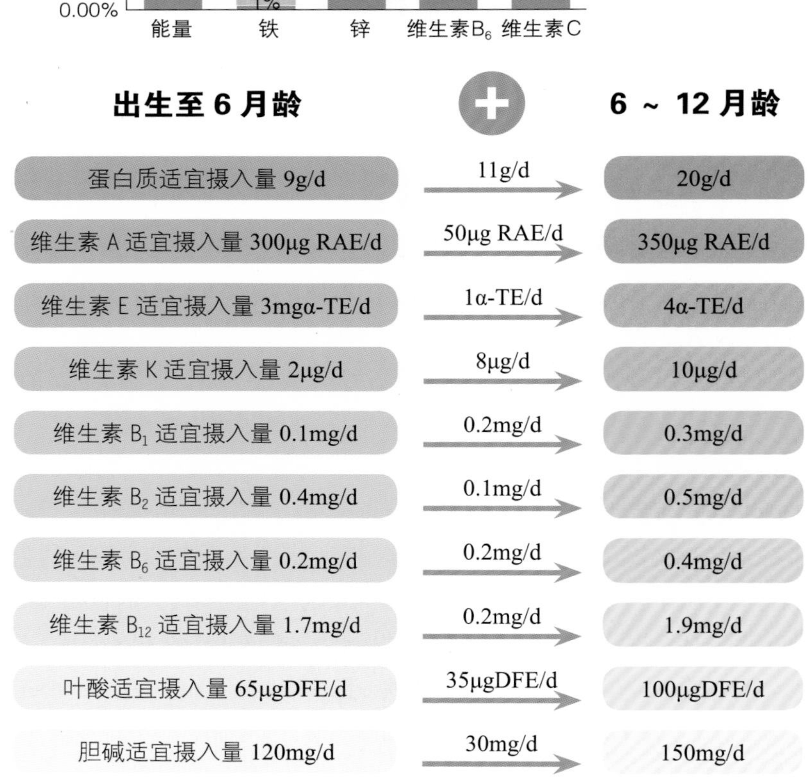

出生至 6 月龄
6 ~ 12 月龄
蛋白质适宜摄入量 9g/d
11g/d
20g/d
维生素 A 适宜摄入量 300μg RAE/d
50μg RAE/d
350μg RAE/d
维生素 E 适宜摄入量 3mgα-TE/d
1α-TE/d
4α-TE/d
维生素 K 适宜摄入量 2μg/d
8μg/d
10μg/d
维生素 B_1 适宜摄入量 0.1mg/d
0.2mg/d
0.3mg/d
维生素 B_2 适宜摄入量 0.4mg/d
0.1mg/d
0.5mg/d
维生素 B_6 适宜摄入量 0.2mg/d
0.2mg/d
0.4mg/d
维生素 B_{12} 适宜摄入量 1.7mg/d
0.2mg/d
1.9mg/d
叶酸适宜摄入量 65μgDFE/d
35μgDFE/d
100μgDFE/d
胆碱适宜摄入量 120mg/d
30mg/d
150mg/d

出生至6月龄	+	6～12月龄
钙适宜摄入量 200mg/d	50mg/d →	250mg/d
镁适宜摄入量 20mg/d	45mg/d →	65mg/d
铁适宜摄入量 0.3mg/d	9.7mg/d →	10mg/d
锌适宜摄入量 2.0mg/d	1.5mg/d →	3.5mg/d
碘适宜摄入量 85μg/d	30μg/d →	115μg/d
硒适宜摄入量 15μg/d	5μg/d →	20μg/d

铁 6月龄后最容易缺乏的营养素是铁。铁在血红蛋白为人体细胞运输氧气的过程中起到了至关重要的作用，铁离子可以增强血红蛋白运输氧的功能。而氧是人体生命活动的第一需要，是维持生命最重要的能源。人在得到充足的氧的情况下，吃进的营养物质才会被细胞利用，转化成能量，供给各个组织器官，才能保证免疫系统正常工作。铁元素缺乏时，宝宝容易发生缺铁性贫血，继而影响宝宝的认知能力和精神状态，导致不可逆的神经发育损伤（这一影响可持续至成年），还会降低身体各系统的免疫能力，影响身体对病毒和细菌的抵御能力，成为病毒和细菌的俘虏。所以，婴儿期要高度重视铁的足量摄入。健康足月的新生儿体内约有300毫克铁储备，这些铁一般可使用4～6个月，之后需要从食物中补充。而母乳中的铁含量很低，如果不及时添加辅食，宝宝极易出现缺铁性贫血，影响生长发育，特别是智力发育。

锌 锌对生长发育、免疫功能、物质代谢和生殖功能均有重要作用，缺锌可导致免疫功能下降、生长发育迟缓，宝宝矮小、瘦弱、经常生病。虽然母乳的锌含量相对不足，但宝宝出生时体内有较多的锌储备，可以满足出生后几个月的需要。但到4～6月龄时宝宝体

温馨提示

小宝宝出现缺铁性贫血一般症状较轻，不易被发现，如脸色稍显苍白、易疲劳、烦躁等，如怀疑宝宝贫血应该到医院检查确诊。

内储备的锌已所剩无几，宝宝需要从辅食中获得 75% 的锌。

有的家长认为配方奶标注的营养素含量几乎都高于母乳，可以不必急着添加辅食。配方奶是模仿母乳的营养成分研制的，虽然标注的营养素的含量比较高，而且重点强化了母乳比较缺乏的一些营养素，但各营养素之间的比例是否科学、宝宝的消化吸收率有多少都有待研究。所以，不能单从某几种营养素的含量去判断哪种食物更有营养，配方奶喂养的宝宝也一样要及时添加辅食。

4 可加快宝宝的牙齿发育

人一生中有两副牙齿，即乳牙（共 20 个）和恒牙（共 32 个）。出生时在颌骨中已有骨化的乳牙牙孢，但未萌出，恒牙的骨化则从新生儿期开始。宝宝一般在 4 ~ 8 月龄时开始长牙，正确的辅食添加可以为牙齿的萌发提供必要的营养（如蛋白质，钙、磷、镁、氟等矿物质，维生素 A、维生素 D、维生素 C 等），以促进宝宝口腔内的血液循环，加快牙齿发育。

有些天然食物成分还可对抗口腔细菌。在人的口腔里，存在各种各样不同类型的细菌，它们中的一些可能会引发牙龈炎。富含维生素 C 的水果，如橙子、草莓、猕猴桃等，不仅能把这些细菌杀死，而且还能促进口腔内杀菌酶的活性，促使牙龈上形成健康的胶原质，起到保护牙龈的作用；甜椒、西红柿、红薯等食物也能保护宝宝的牙龈。如果不能在这一阶段添加辅食，宝宝无疑会失掉食物这道天然的牙齿保护屏障。

图中序号	牙齿名称	萌出时间
1	下乳中切牙（门齿）	6~10 月龄
2	上乳中切牙（门齿）	8~12 月龄
3	上乳侧切牙（门齿）	9~13 月龄
4	下乳侧切牙（门齿）	10~16 月龄
5	乳磨牙（臼齿）	13~19 月龄
6	乳磨牙（臼齿）	14~18 月龄
7	乳尖牙（犬齿）	16~22 月龄
8	乳尖牙（犬齿）	17~23 月龄
9	乳磨牙（臼齿）	23~31 月龄
10	乳磨牙（臼齿）	25~33 月龄

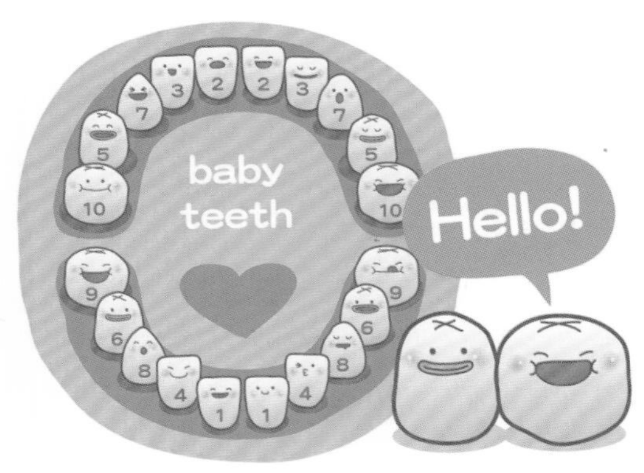

第2节 添加时机很重要

关于添加时机，世界卫生组织、国家卫计委、中国营养学会和中华医学会儿科分会均发布过相关指南和规范，一致认为婴儿引入非乳类泥糊状食物的最佳时间是6月龄（出生180天）前后。

6月龄前后，宝宝的许多器官迅速发育、功能不断完善，如舌头的排外反应消失，可以掌握吞咽动作；牙齿开始萌出，面部肌肉及咀嚼肌发育迅速；胃肠道消化吸收半固体食物的能力增强，淀粉酶等酶系统更为成熟，为吃人生的第一口饭做好了准备。

1 太早、太晚都不好

有的妈妈很着急，宝宝才两三个月就加果汁、菜汁，甚至米粉，这样做不利于宝宝的生长发育。

- 6月龄以内的宝宝消化吸收系统发育尚不完善，过早添加辅食会增加宝宝的胃肠道负担，使宝宝出现消化不良及吸收不良。
- 过早添加果汁容易造成宝宝过敏，还会因为其含糖量相对较高导致宝宝肥胖。
- 果汁口味过于香甜，对宝宝健康口味的培养也有不利影响。
- 宝宝的胃容量有限，辅食不能很好地消化却又占据了大量空间，使母乳或配方奶的摄入量减少，宝宝生长发育所需要的营养得不到满足，很容易出现生长发育迟缓的现象。

有的妈妈乳汁分泌旺盛，宝宝也依恋母乳，就认为辅食加不加无所谓。殊不知，辅食添加过晚，宝宝所需的营养素不能及时得到补充，同样会减缓生长发育的速度，甚至造成抵抗力下降、营养不良。

辅食添加过晚还可能错过舌咽神经发育的关键期。舌咽神经主管舌部和咽部肌肉及咽部黏膜的味觉、温度觉和痛触觉，如果在6月龄时没有及时让宝宝接触泥糊状食物，很可能导致舌咽神经对泥糊状食物不再接受，造成后期辅食添加困难，如不喜欢吃肉，导致营养摄入不均衡、营养不良，也会影响宝宝的生长发育。

温馨提示

母乳喂养的宝宝，只要妈妈饮食均衡，母乳完全可以满足6月龄内的营养需求；配方奶喂养的宝宝，配方奶中一般都会强化各种重点营养素，也不必过早添加果汁、菜汁。

2 4月龄还是6月龄

关于辅食添加的时机，世界卫生组织建议的开始时间是6月龄前后，我国相关部门的建议略有不同。2009年中华医学会儿科分会儿童保健学组发布的《婴幼儿喂养建议》是这样表述的：婴儿引入其他食物的年龄不能早于4月龄，也不宜迟于8月龄，多为4～6月龄；2012年国家卫计委下发《儿童喂养与营养指导技术规范》，建议“引入时间为6月龄，不早于4月龄”，未提及不宜晚于什么时候；2015年中国营养学会发布《7～24月龄婴幼儿喂养指南》，明确“婴儿满6月龄后仍需继续母乳喂养，并逐渐引入各种食物”。我个人认为，第一次给宝宝添加辅食的时机不应该是一个绝对的时间点，而应该是一个时间范围。因为每个宝宝都有自己的生长发育规律，这种个体的规律在趋势上是和普遍规律相一致的，但在不同的方面又有其特殊性。因此，妈妈们不要僵化地理解6月龄这个时间点，而要注意观察宝宝的具体情况，当宝宝从生理到心理都做好了吃辅食的准备时，会向妈妈发出许多小信号。

信号1 奶量摄入稳定，每日5~6次，每次约180毫升，体重超过6.5~7.0千克。

信号2 开始对大人吃饭感兴趣，大人吃的时候会盯着看，有时候小嘴还会发出吧唧声，像只小馋猫。

信号3 已有竖颈、手到口等动作发育，而且可以自己坐起来了。

信号4 爱流口水，喜欢将东西放进嘴里咬。把一小勺泥糊状食物放到宝宝嘴边，他会张开嘴，不再将食物吐出来，并能够顺利地把食物咽下去，不会被呛到。

信号5 体检时发现身长和体重增长未达标，又没有生病等原因，有可能是没有及时添加辅食造成的，应该考虑添加辅食了。

第 3 节 添加方法早知道

为宝宝添加辅食方法很重要，方法正确，妈妈做得轻松，宝宝吃得开心；方法错误，妈妈付出辛苦，宝宝还常常不买账。

1 从富铁泥糊状食物开始添加

在过去很长一段时间，给宝宝添加的第一种辅食是蛋黄，那时普遍认为蛋黄可以补铁。但近年研究发现，蛋黄虽然含铁量比较高，但不容易被小宝宝吸收。因此，2002 年世界卫生组织提出，谷类食物应该是宝宝首先添加的辅食。我国卫计委也建议，应首先选择能满足宝宝生长需要、易于吸收、不易过敏的谷类食物，最好为强化铁的婴儿米粉。因为米粉比面粉更不容易引起过敏，而强化铁的米粉可以部分弥补铁摄入量不足的问题。2015 年中国营养学会发布的《7~24 月龄婴幼儿喂养指南》更是明确指出，婴儿最先添加的辅食应是富铁的高能量食物，如强化铁的婴儿米粉、肉泥等。在此基础上，逐渐引入其他不同种类的食物，以提供不同的营养素。

温馨提示

家族有过敏史的宝宝添加蛋类食物的时间还可以再延后一些。

2 添加数量要由少到多

所谓“由少到多”，是指食物量的控制。因为此前宝宝还没有接受过母乳或配方奶以外的食物，最初 1 ～ 2 周内辅食的添加只是尝一尝、试一试。比如添加米粉，最初只给 1 ～ 2 勺，逐渐增加到数勺，直至 1 餐。给宝宝添加蛋黄，从 1/4 个煮熟的蛋黄开始，稀释后用小勺喂食，逐渐增

强化铁的婴儿米粉 → 蛋黄泥 → 肉泥

加到 1 个。

还有一点需要注意的是，一种食物适应以后再加第二种。第二种依然是从少量开始，而且我主张，在加第二种的时候，第一种就不要再加量了。一种食物在加的时候，另一种食物的量是原地踏步的。

3 添加速度要循序渐进

所谓“循序渐进”，是指食物添加的速度不宜过快，刚开始添加时每次添加 1 种，每日添加 1 次。婴儿接受一种新食物一般需要尝试多次，直至婴儿习惯该种口味，且确认其没有出现腹泻、呕吐、皮疹、脸肿或咳嗽等过敏反应后再换另一种，以刺激味觉的发育。慢慢地，每日添加的次数可以从 1 次增加到 2 次，每次添加的数量不变；也可以每日添加的次数不变，只改变每次添加食物的数量，使宝宝的消化系统逐渐适应新添加的食物。

宝宝生病或天气太热时应该延缓添加新的品种，也不要增加已添加辅食的数量。

刚开始添加时，不要把两种或两种以上的食物混合在一起制作或喂食。多种食物混合在一起，宝宝胃肠道不容易接受，还会增加过敏的可能性。一旦发生食物过敏，查找过敏原就会颇费周折。

食物添加顺序表

食物种类＼年龄	6月龄	7～9月龄	10～12月龄	1～2岁
乳类	每日哺乳次数5～6次（断夜奶），总乳量约800ml	每日哺乳次数不少于4次，总乳量不少于600ml	每日哺乳次数3～4次，总乳量约600ml	每日总乳量约500ml，可逐渐尝试、少量进食普通鲜奶、酸奶、奶酪等受乳制品，但不能完全替代母乳或配方奶
谷薯杂豆类	强化铁的1段婴儿米粉，从1小勺开始添加，逐渐增加至每日1餐	强化铁的2段婴儿米粉、厚粥、烂面等，每日1～2餐，每餐适量	强化铁的2段婴儿米粉、稠厚的粥、软饭、馒头等，每日2～3餐，每餐适量	软饭、面条、馒头、强化铁的婴儿米粉等，每日3餐总量50～100g
蛋类	从1/4个蛋黄开始，逐渐增加至1个	1个蛋黄或1个全蛋	1个全蛋	1个全蛋
肉类（畜禽鱼）	从1小勺开始，逐渐增加至每日50g	每日50g；如果因对鸡蛋过敏不能吃鸡蛋，应再增加30g肉类食物	每日50～75g	
蔬菜水果类	根茎类或瓜豆类蔬菜1～2勺，水果1～2勺	更多种类的蔬菜和水果，少量尝试	继续尝试不同种类的蔬菜和水果，根据宝宝需要增加进食量	继续尝试不同种类的蔬菜和水果，增加进食量
大豆坚果类		豆腐等大豆制品，少量尝试	豆腐等大豆制品，增加进食量	
食用油		如果婴儿辅食以谷物类、蔬菜、水果等植物性食物为主，需要额外添加5～10g油脂，以富含α－亚麻酸的植物油为首选，如亚麻籽油、核桃油等		每日20～25g

4 食物性状应逐渐变化

辅食的形态应从半流质到半固体、再到固体，食物的质地也要从软到硬、从细到粗。从泥糊状食物开始，然后在泥糊状食物里添加少量小块儿固体食物，再慢慢增加固体食物的量，使宝宝逐渐适应。

辅食性状的获得月份

6月龄	7 ~ 9月龄	10 ~ 12月龄	13 ~ 24月龄
从细滑的泥糊状到稍微成形的粗泥状	碎末儿状，用舌头可以挤碎的类似豆腐的硬度（手指状磨牙食物应稍硬），厚粥，烂面	黄豆大小的碎丁儿状，5 ~ 7毫米长的小段儿，用舌头可以挤碎的类似香蕉的硬度，稠厚的粥，软饭，馒头	玉米粒大小的碎块儿状，1厘米长的小段儿，类似煮熟的胡萝卜的硬度，软饭，面条，馒头

5 无糖、无盐、味清淡

中国营养学会2015年发布的《7~24月龄婴幼儿喂养指南》建议，给1岁以内的宝宝制作辅食不加盐、糖及刺激性调味品。

① 无糖

“无糖”即在给1岁以下的宝宝制作食物时不加糖，保持食物原有的口味，让宝宝品尝到各种食物的天然味道。这里所说的糖，是指人工添加到食物中的糖类，如白砂糖、绵白糖、冰糖和红糖，包括饮料中的糖。1岁以后逐渐尝试淡口味的家庭膳食。

如果宝宝从添加辅食开始就较少吃过甜的食物，就会自然而然地适应少糖的饮食；反之，如果此时宝宝的食物都加糖，他就会逐渐适应过甜饮食，以后遇到不放糖的食物自然就表现出拒绝，形成挑食的毛病，同时也为日后的肥胖埋下了隐患。

吃糖过多不仅会引起肥胖，还会影响宝宝对蛋白质和脂肪的吸收和利用，引起维生素 B_1 及微量元素的缺乏，还可因血糖浓度长时间维持在高水平而降低食欲，若不及时刷牙还会增加龋齿的发生。

❷ 无盐

“无盐”即1岁以内的宝宝辅食不用添加食盐。因为1岁以内的宝宝肾脏功能还不完善，浓缩、稀释功能较差，不能排出体内过量的钠盐，摄入盐过多将增加其肾脏负担，并养成宝宝喜食过咸食物的习惯，不愿意接受淡味食物，长期下去可能会影响宝宝味觉的敏感度，形成挑食的毛病，甚至会增加成年后患高血压的风险。

吃盐过多还是上呼吸道感染的诱因，因为高盐饮食可能抑制黏膜上皮细胞的增殖，使其丧失抗病能力。

1岁以内的宝宝每天所需要的盐量还不到1克，母乳、配方奶和其他食物中所含的钠元素足以满足宝宝的需求。给1岁以上的宝宝制作食物时可以加一点儿盐，但量一定要适当（推荐量为1克/日）。酱油、鸡精等调味品以及买回来的成品食物中都含有盐，如果添加了这类食品或调味品，还要再减少用盐量。

温馨提示

患有心脏病、肾炎和呼吸道感染的儿童更应严格控制饮食中盐的摄入量。

部分调味品钠含量

调味品名称	每10克可食部钠含量（毫克）	相当于食盐量（克）
老抽	691.04	1.76
生抽	638.47	1.62
鸡精	1886.44	4.79
番茄沙司	104.68	0.27
沙拉酱	73.36	0.19
花生酱	48.34	0.12

❸ 不加刺激性调味品

辅食不要添加味精、鸡精、香精、花椒、大料、桂皮、葱、姜、蒜等调味品，因为辛辣类的调味品对宝宝的胃肠道会产生较强的刺激，而且有些调味品（如味精、鸡精）在高温状态下会分解释放出毒素，会损害宝宝的健康。浓厚的调味品味道会妨碍宝宝体验食物本身的天然味道，长期食用可能会使宝宝养成挑食的不良习惯。

许多妈妈担心辅食中不加调味品宝宝会不爱吃，其实母乳或配方奶的味道都比较淡，比起母乳和配方奶，辅食的味道已经丰富多了。不要用成人的习惯来看待宝宝，没糖、没盐的蔬菜水，淡淡的营养米粉，成人可能觉得不好吃，但宝宝一开始接触的就是这种味道，并不会反感。不要在宝宝面前做出不好吃的样子，这样会影响宝宝对某种食物的爱好。

温馨提示

不要为了让宝宝更容易接受辅食而添加盐或糖，不断地给予和尝试才是最好的办法。有研究认为，要想让宝宝接受一种新食物，家长应该给宝宝 8 ~ 10 次尝试的机会。

3 岁以后，儿童的消化功能已发育成熟，各种消化酶发育完全，肠道吸收功能良好，基本可以耐受各种口味的食物，此时就可以给宝宝吃带有调味品的食物了。即便如此，为了宝宝，也为了家庭所有成员的健康，建议仍保持少盐、少糖、适量油的饮食习惯。

4 适量添加植物油

在做菜时加些植物油不仅可使菜肴更加美味，有利于蔬菜中脂溶性维生素的溶解和吸收，更可补充对宝宝大脑发育和视功能发育有重要作用的一些必需脂肪酸，如 ω-6 系多不饱和脂肪酸中的亚油酸、γ-亚麻酸、花生四烯酸（ARA），ω-3 系多不饱和脂肪酸中的 α-亚麻酸（ALA）、二十碳五烯酸（EPA）、二十二碳六烯酸（DHA）等，以上营养物质的缺乏对宝宝的生长发育，尤其是大脑和神经系统发育可能产生严重的不良影响。

必需脂肪酸
- ω-6系
  - 亚油酸
  - γ-亚麻酸
  - 花生四烯酸（ARA）
- ω-3系
  - α-亚麻酸（ALA）
  - 二十碳五烯酸（EPA）
  - 二十二碳六烯酸(DHA)

据有关部门调查，我国居民主要通过植物油摄入以上营养素（70% ~ 80%）。日常生活中经常食用的植物油有玉米油、花生油、葵花子油、菜籽油、大豆油等，营养专家认为，食用油多样化有助于脂肪酸均衡和获得更全面的营养物质。也就是说，不要长期只吃一种油，要过一段时间更换一下食用油的种类，或者将营养特点不同的油搭配食用。比如，长期食用大豆油，应注意补充一些橄榄油、茶油等；长期食用花生油或葵花子油则应注意补充亚麻籽油、紫苏油。

常用食用油脂主要脂肪酸构成
（占总脂肪酸的质量百分数 %）

食用油脂	饱和脂肪酸	不饱和脂肪酸		
		油酸	亚油酸	α-亚麻酸
菜籽油	13.2	20.2	16.3	8.4
色拉油	14.4	39.2	34.3	6.9
大豆油	15.9	22.4	51.7	6.7
葵花子油	14.0	19.1	63.2	4.5
玉米油	14.5	27.4	56.4	0.6
花生油	18.5	40.4	37.9	0.4
芝麻油（香油）	14.1	39.2	45.6	0.8
亚麻籽油	13.0	22.0	14.0	49.0
胡麻油	9.5	17.8	37.1	35.9

6 注意观察添加后的反应

给宝宝添加辅食一定不要操之过急，每次只添加1种，添加后要注意观察宝宝对新添加食物的反应。能不能消化吸收，有没有过敏反应，哺喂的量是否合适，这些情况短时间内可以通过观察宝宝每日大便的次数、性状、颜色做出初步判断；在一个较长的时间段，可以参考宝宝身高、体重的增长指标进行判断。这些生长指标应该定期带宝宝到医院的保健科测查。

宝宝添加辅食后大便会有一些变化，可以从大便次数、大便量、大便性状、大便颜色、大便气味等几个方面观察、判断。

1 大便次数的变化

- 如果添加辅食后大便次数增多，但大便量变少，大便呈绿色黏液状，可能是宝宝不接受辅食，而母乳或配方奶又喂养不足引起的饥饿性大便，应该给足营养，比如一些颗粒小的米粉或及时喂奶。
- 如果大便次数和大便量都有所增多，大便呈汤样，水与便分离，宝宝可能患有肠炎或秋季腹泻等疾病。丢失大量的水分和电解质会引起宝宝脱水或电解质紊乱，应该立即带宝宝到医院就诊，并应注意宝宝用具的消毒。

2 大便量的变化

添加辅食后大便量可能会增多，只要大便的性状没有异常，量多是正常的。

3 大便性状的变化

添加辅食后大便会变得更成形、比较硬，吃较多蔬菜、水果的宝宝大便会比较蓬松。

- 如果宝宝的大便干燥呈颗粒状，像羊的粪便，可以添加蔬菜、水果类辅食，并以宝宝的肚脐为中心，用手掌按顺时针方向轻轻按摩宝宝的腹部，按摩10圈休息5分钟，再按摩10圈，反复进行3次。

温馨提示

判断宝宝是否便秘，几天拉一次或者一天拉几次并不是重要的判断指标，关键要看大便是否硬结。如果宝宝存在顽固性便秘，就需要请医生进一步检查和治疗。因为便秘还有可能是其他疾病的表现。

- 如果宝宝的大便很松散、很稀，甚至带有黏液，可能是宝宝的肠胃受刺激了，应减少辅食的量和添加次数，如果3～5天仍未改善，应去医院就诊。

● 如果宝宝的大便稀，有大量泡沫，而且有很重的酸味，颜色呈棕色，可能是对食物中的糖类不消化引起的，应减少或停止这些食物，适当调整饮食结构。

❹ 大便气味的变化

因为食物中多了糖分和脂肪，大便的味道会比较重，特别是鱼、肉、奶、蛋类吃得较多的宝宝，因为蛋白质消化的缘故，大便会比较臭。

● 如果宝宝的大便有酸味儿但不臭，或者屁多且臭，可能是积食了，可以喂一些有益菌调节肠道，比如妈咪爱等。

● 如果大便闻起来像臭鸡蛋一样，可能是蛋白质摄入过量，或蛋白质消化不良，如果已经给宝宝添加蛋黄、鱼肉等辅食，可以考虑暂时停止添加此类辅食，等宝宝大便恢复正常后再逐渐添加。另外，要注意配方奶的浓度是否过高、进食是否过量，可适当稀释奶液或限制奶量1～2天。

❺ 大便颜色的变化

添加辅食后大便的颜色一般会变深，也会常常受到所吃辅食颜色的影响，比如吃胡萝卜就会有胡萝卜色的大便，吃绿叶菜多大便就可能呈绿色。

● 如果宝宝的大便呈红色或黑褐色，或者夹带有血丝、血块、血性黏液等，首先应该看看是否给宝宝服用过铁剂或含铁量大的食物，如动物肝、血等，这些药剂和食物可引起假性便血。

● 如果大便变稀，含较多黏液或混有血液，且排便时宝宝哭闹不安，应该考虑是不是因为细菌性痢疾或其他病原菌引起的感染性腹泻。

● 如果大便呈赤豆汤样，颜色为暗红色并伴有恶臭，可能为出血性坏死性肠炎。

● 如果大便呈果酱色可能为肠套叠。

● 如果大便发黑且呈柏油样，可能是上消化道出血。

● 如果是鲜红色血便，大多表明血液来源于直肠或肛门。

总之，血便不容忽视，以上状况均应立即到医院诊治。

温馨提示

还要仔细观察宝宝皮肤的变化，有没有潮红或出疹。如果有，说明宝宝对所添加的辅食过敏，应该立即停止添加，2周以后再试。如果再次出现过敏症状，就应避免食用这类食物，并请医生或营养师帮助选择可替代的食物。

第 4 节 添加工具准备好

宝宝的辅食与成人的饭菜不同，家里原有的厨房用具往往派不上用场，需要准备一些专门的制作和储存用具。宝宝的餐具也要事先准备好。

1 妈妈做辅食的好帮手

有了专门的用具，为宝宝制作辅食就会轻松、便捷很多。而且从卫生的角度考虑，也应该将为宝宝制作辅食的用具与制作成人饭菜的用具分开。

熟食菜板

① 分类菜板及刀具

将制作生食和熟食的菜板和刀具分开，不仅可以避免食物串味，更重要的是可以避免生食和熟食交叉污染。每个菜板上都有分类指示标，使用的时候方便取用，使用后可以直接插入菜板盒中，既整洁又不占空间。

生肉菜板

海鲜菜板

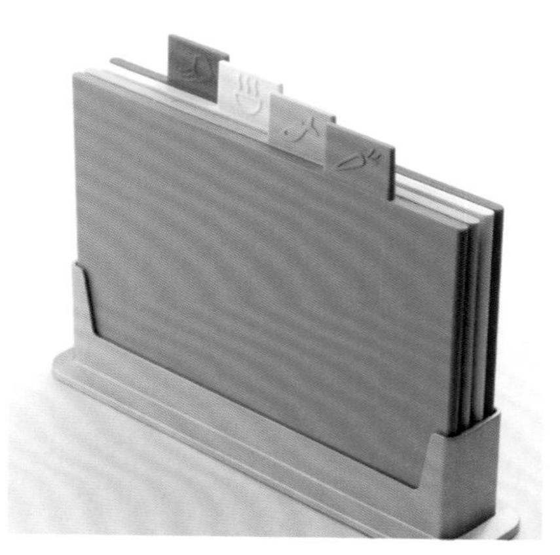

蔬菜菜板

❷ 最经典的食物研磨组

食物研磨组是很多妈妈使用过的非常经典的辅食制作工具，不需要电力驱动，使用方便，也很好清洗，基本能满足宝宝辅食添加第1阶（4～6月龄）和第2阶（7～9月龄）的需要，而且收拾起来体积很小，不占空间。

这套工具由1个研磨碗、2个研磨板、1个研磨棒、1个研磨盖、1个过滤网、1个榨汁器和1个保存盖组成，可根据制作需要进行不同组合。

研磨碗＋研磨棒

研磨碗的纹路设计配合研磨棒，可以轻松磨碎、捣碎多纤维、大颗粒的食物，且不沾残渣。

- 煮软的食物可趁热研磨。
- 多纤维食物可用研磨棒捣碎研磨，使其口感柔软滑顺。
- 盖上保存盖，将食物送进微波炉加热后直接研磨更简单快速。

研磨碗＋研磨板

胡萝卜、苹果等坚硬的蔬果，只要细磨成泥，便可从辅食添加的第一阶开始喂食。质地坚硬的蔬菜先磨泥之后再煮较容易熟。煮熟后冷冻的蔬菜或鸡胸肉，不解冻更容易磨成泥。

研磨碗＋榨汁器

将榨汁器置于研磨碗上，将柑橘类水果一切为二，倒扣在榨汁器的突起部位，只要轻轻按压、旋转便能挤出大量果汁，四周的细长孔不会让籽或粗纤维通过。

研磨碗＋过滤网

过滤网可置于研磨碗上使用。水煮蛋的蛋黄、芋薯类、南瓜等纤维较多的蔬菜，经过滤之后口感会较为滑顺。但要注意，过滤网不可用于微波炉。

第一次使用时要先用中性洗涤剂清洗干净，使用后应尽快清洗，长时间放置会因食物（如胡萝卜、西红柿、西瓜等）色素着色，增加清洗难度。

3 辅食储存盒

辅食密封冷冻盒可以轻松实现宝宝辅食的细分→冷冻→解冻／加热。不同容量的组合可满足宝宝不同时期的辅食量，外出旅行时放入包里就能随时随地喂宝宝吃辅食了。

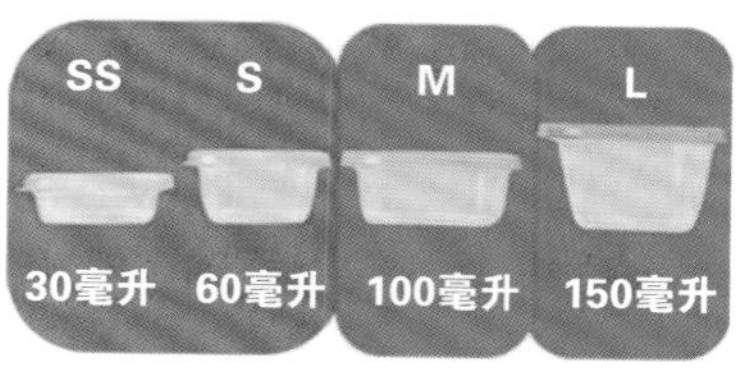

2 宝宝吃辅食的好帮手

❶ 舒适、牢固的儿童餐桌椅

为了让宝宝能够养成良好的饮食习惯，固定时间、固定地点吃饭，给宝宝准备一个专用的餐桌椅非常必要。选择餐桌椅最重要的两点，一是所用材料要环保无毒，二是使用过程中要确保安全，有滚轮和卡档的产品，要特别注意其安全性。除了以上两点之外，使用后方便清洁也很重要。

有的餐桌椅高度可以调节，以适应不同家庭的餐桌高度，方便宝宝和家人一起进餐；有的餐桌椅可以折叠，甚至可以放到家庭轿车的后备箱里，非常方便；有的功能延续性比较强，孩子小的时候当餐桌椅使用，四五岁后可以当书桌使用。无论功能多么完备、细节如何体贴，最重要的还是安全无毒。所以，最好选择口碑好的品牌产品。餐桌椅不一定要买新的，朋友家的宝宝使用过的餐桌椅也是一个不错的选择。

温馨提示

婴幼儿的塑料餐具清洗时在热水中浸泡两三分钟即可，不能长时间放在沸水中煮，否则会产生安全隐患。

❷ 有分格、可保温的吸盘碗

为宝宝选择餐具，安全同样是第一位的。首先制作餐具的材料必须是安全无毒的，其次要不易打碎，餐具边缘要光滑，以免发生割伤、划伤宝宝的情况。目前市场上的婴幼儿餐具大多是塑料制成的，哪些是适合婴幼儿的塑料，哪些是对婴幼儿有害的，仅通过肉眼看并不容易分辨，建议家长还是选择口碑好的品牌产品，并通过有信誉的渠道购买。

宝宝刚学吃饭时，动作的准确性不高，常会无意中打翻盛有食物的碗，把食物洒得到处都是，很不好收拾。这时准备一个底部有吸盘的碗就很有必要，吸盘将碗牢牢地吸在餐桌上，任宝宝怎么手舞足蹈都不会打翻在地。

宝宝到了七八个月的时候，可添加的食物种类越来越多，一餐饭可以安排三四种食物，这时有分格的碗就非常方便。另外，碗的边缘有一个注水孔，可以向碗的底部注入一些温水，以保持碗中食物的温度，这样即使一餐饭吃得时间有点长，饭也不会冷。

3 喂宝宝吃辅食的软勺

宝宝刚添加辅食的时候，自己还不会吃，需要大人喂。这时的餐具，勺子的选择比碗更重要。因为碗一般是大人拿在手里的，而勺子则是直接接触宝宝的。这时给宝宝选择勺子，材质和形状很重要。材质首先要保证安全无毒，其次要软硬适中，太硬或者接触起来凉冰冰的，宝宝接受起来就会有困难。勺子的形状也很重要，要适合宝宝嘴的大小和吞咽的特点。这套勺子非常经典，一套2个，勺子前部的形状不同，对应不同的功能。

黄色勺柄的勺前部呈长圆形，大小适合宝宝的嘴；勺子的前部比较浅，便于宝宝将勺子里的食物抿进嘴里；勺子的中间有一个凸起的部位，可以保护宝宝幼嫩的牙床。这种勺子适合喂泥糊状辅食。

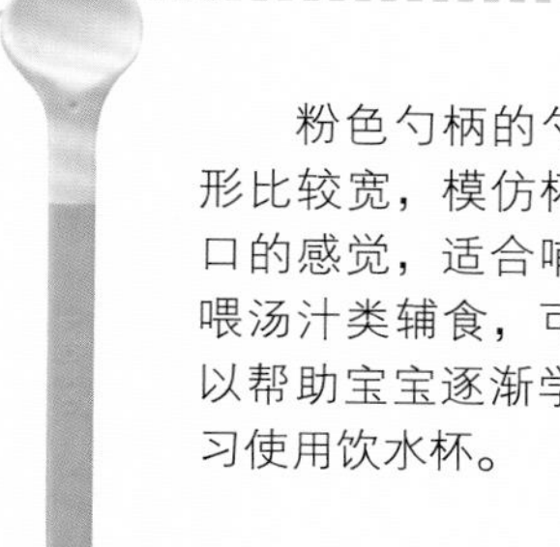

粉色勺柄的勺形比较宽，模仿杯口的感觉，适合哺喂汤汁类辅食，可以帮助宝宝逐渐学习使用饮水杯。

④ 宝宝自己学吃饭的过渡餐具

用勺子把碗里的饭舀起来再送到嘴里，这个动作对大人来说轻而易举，但对于1岁左右的宝宝来说并不是一件容易的事。抓握勺子需要大、小肌肉的配合，把碗里的食物舀起来送到嘴里则需要手眼协调。刚开始宝宝是用整个手掌握住勺柄，而且他还不会灵活地使用手腕，不知道如何转动手腕才能将勺子里的食物送到嘴里。这时弯角的过渡餐具就非常有用，家长可以根据宝宝口腔和肌肉发育的状况，将餐具调整到适合宝宝进食的弯曲角度。待宝宝适应后再逐渐减小弯曲角度，最终达到适应普通餐具的目的。柔软的勺头和叉头，配合易抓握的手柄，免去了宝宝在学习使用餐具过程中不必要的伤害。

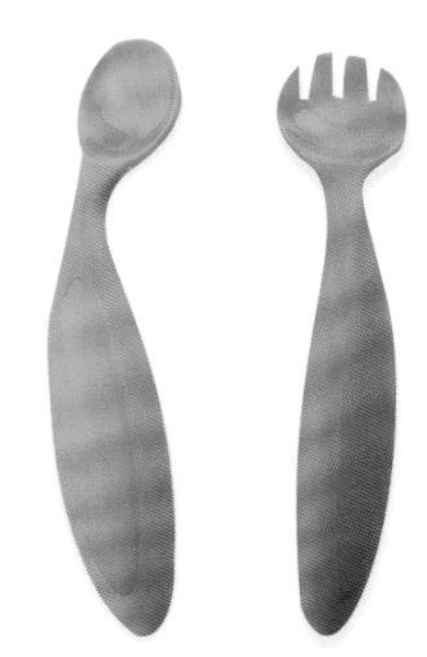

⑤ 便于清洁的围兜

吃辅食时给宝宝围上一个便于清洁的围兜，可以大大减少饭后清扫和给宝宝换衣服、洗衣服的工作量。下面这款围兜耐用易洗，最大的特点是下面的防漏口袋，可以有效防止从宝宝嘴里或是手上掉下来的食物掉到衣服上或地上。

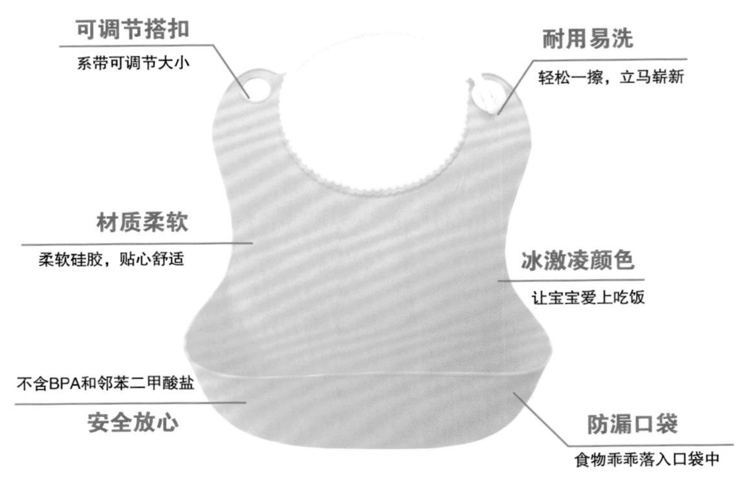

第2章

辅食添加第1阶（6月龄）

开启宝宝的味觉之旅

添加辅食是宝宝成长过程中的一个重要里程碑。现在宝宝将开启他的美食新旅程，而妈妈则要接受新的挑战：不仅要给宝宝喂奶，还要给宝宝做辅食。

宝宝对新食物可能一见钟情，也可能不理不睬。无论怎样，妈妈都不要着急，宝宝需要时间适应新的变化，妈妈也需要放轻松。

虽然我们在书中介绍了很多添加辅食的方法，但请记住，具体的方法都是可以变通的。最重要的是：了解宝宝的需求，尊重宝宝的意愿。要相信，吃是宝宝的天性，宝宝有能力决定什么时候吃、吃什么。

第 1 节 6 月龄宝宝的生长发育

生长发育是儿童不同于成人的重要特点，生长是指身体各器官、系统形态的变化，是可以用测量的方法表现的；发育是指细胞、组织器官的分化完善与功能上的成熟。生长是发育的物质基础，而发育是可以通过生长的量的变化来体现的。

人体各器官、系统生长发育的速度和顺序是有一定规律的：体重和身长在出生后的第一年增长得很快，尤其是出生后的前两个月，从出生后的第二年开始速度有所减慢，直到青春期又进入一个增长的高峰期。大脑在出生后两年内发育较快，生殖系统则发育较晚。

当然，在一般规律之外，每个宝宝的生长发育情况，因为遗传、营养、教养、环境的不同而存在一定的个体差异。因此，儿童的生长发育水平有一定的范围，所谓的正常值并不是绝对的。

1 体格发育

体格发育的评价指标包括体重、身长、头围、胸围等。4 ~ 6 月龄时体格生长较前几个月有所减缓，但仍属于生长发育较快的时期。

体重 体重是最容易获得的反映生长与营养状况的指标，也是最容易波动的体格生长指标。我国卫计委妇幼司 2009 年公布的《7 岁以下儿童生长发育参照标准》显示，我国男婴平均出生体重为 3.32 千克，女婴为 3.21 千克。出生至 3 月龄体重增加速度最快，3 月龄的宝宝体重约是出生时体重的 2 倍。3 月龄后体重的增长速度有所减慢，4 ~ 6 月龄平均每月增加约 0.5 千克。

身长 身长的增长规律与体重相似，出生至 3 月龄身长增加速度最快，与后 9 个月的增长基本相等。《7 岁以下儿童生长发育参照标准》显示，出生时男婴的平均身长为 49.9 厘米、女婴为 49.1 厘米，出生至 3 月龄身长增加速度最快，平均每月增加约 3.8 厘米，4 ~ 6 月龄每月增加 2 厘米左右。

温馨提示

纯母乳喂养的宝宝和混合喂养、人工喂养的宝宝体格发育的速度略有不同。纯母乳喂养的宝宝体格测量值可参考《世界卫生组织儿童生长标准(2006年)》（祥见附录）。

头围 头围与大脑的发育密切相关，出生时平均头围为 34 厘米（男婴略大于女婴），出生后前 3 个月约增长 6 厘米，从第 4 个月开始增长速度有所减慢，到 1 岁时共增长 6 厘米左右。

胸围 胸围的大小与肺和胸廓的发育有关。出生时胸围平均为 32 厘米，比头围小 1 ～ 2 厘米，1 岁左右胸围等于头围，1 岁以后胸围逐渐超过头围。

2 神经系统发育

神经系统是人生命活动的主要调节机构，机体各系统的正常生理活动都是在神经系统的统一支配下完成的。大脑是神经系统的高级中枢，起着控制和调节全身各系统功能的作用。大脑的发育，尤其是大脑皮层细胞数量的增加、细胞体积的增大和功能的分化，主要在怀孕后期和宝宝出生后的第一年：怀孕 25 周至出生后 6 个月为脑细胞数量的激增期，6 月龄后数量增加的速度减慢，但细胞体积开始增大。可见，孕晚期的 3 个月至出生后 6 个月内是大脑发育最关键的时期，也是智力发育的关键期。

3 感知觉发育

宝宝通过各种感觉器官从丰富的环境中选择性地获取信息，感知觉的发育对其他能力区的发育有重要的促进作用。

视觉 目光能随着在水平和垂直方向移动的物体在90°的范围内移动，并能改变体位以协调视觉；有较精细和复杂的辨别能力，辨别场景更深入；开始形成视觉条件反射，如看见奶瓶会伸手要、会玩自己的手、能注意镜子中的自己等。

听觉 能分辨不同的声调并做出不同的反应，如听到严肃的声音会害怕、啼哭，听到和蔼的声调就高兴、微笑；听觉与视觉发育进一步联系起来，如妈妈躲藏起来叫他的名字，宝宝会立刻用眼睛去寻找妈妈在何处。

4 运动发育

运动的发育既依赖于感知觉的发育，又反过来影响感知觉和情绪的发育。运动发育可分为大动作发育和精细动作发育两类。

能双手向前撑住独坐。开始用几个手指握物；开始喜欢捏软的或能发出声音的玩具；喜欢敲打、摇动色彩鲜艳的或能发出声音的玩具或物体；会用双手抓住纸的两边把纸撕开；会用手拉去盖在脸上的布。

5 语言发育

语言是人类特有的高级神经活动，与智能发育关系密切，是儿童全面发育的标志。语言的发育要经过发音、理解和表达3个阶段。

婴儿听懂成人说话是先听懂词音，后听懂词义。6月龄后，婴儿在多次感知某种物品或动作的同时，听见成人说出它们的词音，于是在头脑里对这一物品或动作的形象和词的声音之间建立了联系。在宝宝背后呼喊他的名字，他会转头寻找呼喊的人；不愉快时会发出喊叫，但不是哭声；当宝宝哭的时候会发出“妈”的全音；能听懂“再见”“爸爸”“妈妈”等；能用声音表示拒绝；高兴时发出尖叫。

第 2 节 6 月龄辅食添加要点

1 6 月龄宝宝的营养需求

在第 1 章中我们已经讲过，随着宝宝体内铁和锌储备的减少，6 月龄前后宝宝急需从膳食中摄入更多的铁和锌。膳食中铁和锌的含量和利用率都比较高的是动物性食物，如动物肝脏、动物全血、畜禽肉类和鱼类，但这些食物不宜作为第一种辅食给宝宝添加，最可行的方法是添加强化铁的婴儿米粉。即使是这样，可能还是无法达到中国营养学会建议的适宜摄入量。因此，在辅食添加初期，或是体检时发现宝宝缺铁或缺锌，可以在医生的指导下给宝宝补充一些营养补充剂，直到宝宝可以从辅食中摄入足够的铁。

即使宝宝添加了辅食，哺乳的妈妈也不要忽视自己的饮食营养，千万不要认为宝宝开始吃辅食了，注意力都在怎样为宝宝做饭上，而忽视了自己的营养摄入，因为 1 岁以内的宝宝最主要的营养来源还是母乳。中国营养学会建议，处于哺乳期的妈妈，每日膳食铁的推荐摄入量为 24 毫克、锌为 12 毫克。宝宝现在还不能吃的很多富含铁或锌的食物，妈妈是可以吃的。

温馨提示

给宝宝补充营养补充剂一定要在医生指导下进行，因为如果宝宝并不缺乏而长时间通过药物补充，会对宝宝的身体产生潜在的危害。

常见食物中的铁含量（mg/100g 可食部）

食物名称	铁含量	食物名称	铁含量	食物名称	铁含量
黑木耳（干）	97.4	海参	13.2	猪肾	6.1
紫菜（干）	54.9	虾米	11.0	小米	5.1
芝麻酱	50.3	香菇（干）	10.5	羊肉（瘦）	3.9
鸭血	30.5	葡萄干	9.1	蒜薹、韭薹	4.2
芝麻（黑）	22.7	猪血	8.7	毛豆	3.5
猪肝	22.6	黄豆	8.2	牛肉	3.4
口蘑	19.4	赤小豆	7.4	花生	3.4
扁豆	19.2	虾皮	6.7	鹌鹑蛋	3.2
豆腐皮	13.9	鸡蛋黄	6.5	枣（干）	2.3

常见食物中的锌含量（mg/100g 可食部）

食物名称	锌含量	食物名称	锌含量	食物名称	锌含量
生蚝	71.20	山羊肉（冻）	10.42	鸭肝（母麻鸭）	6.91
海蛎肉	47.05	墨鱼（干）	10.02	西瓜子（炒）	6.76
小麦胚粉	23.40	火鸡腿	9.26	芝麻（黑）	6.13
蕨菜（脱水）	18.11	口蘑	9.04	葵花子（炒）	5.91
蛏干	13.63	松子	9.02	猪肝	5.78
小核桃	12.59	香菇	8.57	杏仁	4.30
扇贝	11.69	蚌肉	8.50	腰果	4.30
泥蚶	11.59	辣椒（红尖干）	8.21	牛肉（瘦）	3.71
鱿鱼（干）	11.24	南瓜子（炒）	7.12	鸡肝	3.46

2 6月龄添加辅食的目的

6月龄是辅食添加的开始阶段，宝宝所需营养主要还是从母乳和配方奶中获得的。添加辅食主要是为了训练婴儿的咀嚼、吞咽技能及刺激味觉发育，可补充部分能量和少量维生素、矿物质等营养素。

3 6月龄宝宝吃的本领

宝宝已经能很好地控制头和躯干，将食物自动吐出来的挤压条件反射消失，开始有意识地张开小嘴接受食物了。吸吮和吞咽的动作分开，舌头可前后移动，食物放在舌头上，能够用舌头将食物移动到口腔后部，将细滑的泥糊状食物直接吞咽下去；出现有意识的咬的动作。

对食物的微小变化已很敏感，能区别酸、甜、苦等不同的味道，这一时期也是味觉发育的关键期。

消化系统已经比较成熟，能够消化一些淀粉类、泥糊状食物了。

有部分宝宝在6月龄左右开始长出第一颗乳牙，一般为下门牙（下切牙）。如果宝宝还没长牙也不用着急，乳牙的萌出时间存在较大的个体差异，到12月龄还没出牙可咨询口腔科医生。2岁以内宝宝的牙齿数＝月龄－（4～6），宝宝6月龄的出牙数应当为6-（4～6），也就是开始出2个乳牙或未出牙。

4 6月龄可添加的食物

6～12月龄的婴儿，所需能量约1/3～1/2来自辅食，而来自辅食的铁更是高达99%。因此，婴儿最先添加的辅食应该是富铁的高能量食物，如强化铁的婴儿米粉、肉泥等，在此基础上逐渐引入其他不同种类的食物，以提供不同的营养素。6月龄的宝宝，无论是消化吸收能力还是抗病能力都还比较弱，不要一上来就给宝宝添加那些新、奇、特食物，百姓最常吃的食物往往是最安全、也是最有营养的。而在日常食物中还应优先考虑本地食物和应季食物。俗话说“一方水土养一方人”，本地食物宝宝的身体更容易接受，而且因为不需要长途运输，新鲜度更高；应季食物适应气候生长而成，吸收自然的精华，储存和运输的时间较短，营养物质的流失较少，所含营养和调理身体的能力都好于反季节食物。特别是对婴幼儿来说，选择应季食物会更有利于身体健康和生长发育。

温馨提示

规范的反季节种植是通过大棚设施、提高室温等手段改变蔬果的生长环境，从而使其成熟季节提前，但一些不法商户使用化学剂催熟、保鲜，这类蔬果不但营养价值不高，还会给身体带来危害。

❶ 强化铁的婴儿米粉

对于6月龄的宝宝来说，最先添加和最重要的辅食是强化铁的婴儿米粉，应该每日添加。婴儿米粉并不是简单地将大米磨成粉，而是添加了许多这一阶段婴儿容易缺乏的营养物质，在宝宝所能接受的食物种类非常有限的阶段，婴儿米粉是最佳选择（米粉的选择和调配方法在本书35页中有详细介绍）。

有的妈妈问能不能用米粥代替米粉，含水量多的米粥能量密度低，可增加胃肠负担，不宜经常食用。如果想给宝宝加些米粥调剂，应添加厚粥。

❷ 含铁丰富的蛋黄泥、肉泥

2009年中华医学会儿科分会发布的《婴幼儿喂养建议》及2012年国家卫计委妇幼司发布的《儿童喂养与营养指导技术规范》都将蛋黄泥、肉泥等动物性食物的引入放在了辅食添加的第2阶段（7～9月龄），而2015年中国营养学会发布的《7～24月龄婴幼儿喂养指南》则强调在辅食添加的第1阶段就应引入蛋黄泥、肉泥等富铁高能量食物，这是辅食添加方法的一个非常大的变化。之所以有这样的变化，我想主要是出于补充婴儿生长所需能量和铁元素的考虑，但因为之前数年都是建议家长们在第2阶段才给婴儿添加动物性食物，所以对于6月龄婴儿是否能够很好地消化吸收动物性食物，我没有看到相关调研数据。家长们在给孩子添加的过程中可以细心观察，如果孩子出现消化吸收不良的问题，可以稍后添加。

❸ 口感细腻的根茎类蔬菜

宝宝适应了婴儿米粉之后就可以为宝宝添加一些根茎类蔬菜了，如胡萝卜、白萝卜、山药、芋头等。与其他类蔬菜相比，根茎类蔬菜农药残留较少，口感细腻，既可以给宝宝补充维生素和矿物质，又可以提供部分碳水化合物，最适合6月龄的宝宝。

人们常吃的土豆、红薯等虽然在营养学分类中被单列为薯类食物，但其营养特点与根茎类蔬菜相似，既有丰富的碳水化合物，又富含维生素A、维生素C、钾、铁等营养素，也是这一阶段宝宝辅食的极佳选择。此外，还可以为宝宝添加豌豆等鲜豆类蔬菜和西红柿、冬瓜、南瓜、苦瓜等茄瓜类蔬菜。

茎叶类蔬菜营养价值也很高，《中国居民膳食指南》推荐成人每日摄入的蔬菜2/3应该为叶菜，但这类蔬菜食物纤维较多，不适合刚刚开始学习咀嚼的小宝宝。如果从丰富宝宝味觉体验的角度考虑，可以选择一两种做成泥让宝宝尝一尝。我们推荐的是菠菜、油菜和芥蓝。

还可以添加一些味道比较独特的叶菜，如芹菜、韭菜、茴香、香菜、盖菜等，煮成水让宝宝尝尝味。宝宝在刚开始添加辅食时有了这种味觉的记忆，以后再吃就比较容易接受。如果宝宝不接受也没关系，过几天再让他尝尝。量也不必多，尝一两口就行。

③ 性味平和的水果

本阶段我们推荐苹果、梨、红枣、桃子、香蕉、橙子、橘子、葡萄、西瓜等9种水果。草莓、菠萝、猕猴桃、芒果等容易导致过敏的水果应等宝宝大一些再添加，特别是有家族过敏史或是有哮喘和湿疹的宝宝更要避免过早添加。

虽然推荐的水果品种不多，但色彩和味道已经十分丰富了，还兼顾到不同的季节，足够宝宝这一阶段享用。在辅食添加的初期，妈妈们千万不要操之过急，多并不等于好，适合的才是最好的。适合宝宝的消化吸收能力，适合宝宝的体质，适合自然的节气，只有这样辅食添加才是愉快而有益的。

无论是蔬菜还是水果，均应做成泥糊状。从细滑的泥糊状开始，随着宝宝吞咽能力和咀嚼能力的增强，可以慢慢减少水分、增加颗粒感，变为粗泥状。6月龄的宝宝是直接吞咽，食物一定不能含有硬块儿和筋脉。

妈咪提问

Q: 辅食买现成的好还是自己做好？

A: 宝宝的辅食有几个要求：一是新鲜，二是营养丰富，三是干净卫生，只要满足这3个基本要求，在家做或买现成的都可以。自己在家做辅食的优点是能够保证原材料的新鲜、安全，越是新鲜的食物营养素保持得就越好，比如新鲜蔬菜，只要放上一天营养素就损失不少。在家做的缺点是要花费时间，而且不易存放。购买现成的婴儿食品是很多职场妈妈的选择。婴儿食品的生产是禁止用防腐剂等添加剂的，而且真空包装的产品营养流失得也比较少，只要商品合格可以放心给宝宝吃。建议谷类食物可以优先选择市售的婴儿米粉，一是比较方便，二是市售的婴儿米粉强化了重点营养素，比自己做的米粉营养更全面。蔬菜泥和水果泥则建议自己做，新鲜卫生，营养素流失比较少，可以最大程度地保留食物原有的味道。

5 6月龄食物添加顺序

强化铁的婴儿米粉 → 蛋黄泥、肉泥等富铁食物 → 根茎类或瓜豆类蔬菜 → 性味平和的水果

从单一谷物制成的米粉开始添加，宝宝适应了单一谷物做的米粉后，可以选用两种或两种以上谷物混合做的米粉，以充分发挥氨基酸的互补作用。

添加了米粉之后，可以考虑添加蛋黄泥、肉泥，然后添加根茎类或瓜豆类蔬菜。水果比蔬菜味道甜，如果宝宝先习惯了香甜的水果，可能就会对味道稍淡的蔬菜没兴趣了，所以第4步才是添加水果泥。

虽然水果和蔬菜都可以为宝宝提供维生素和矿物质，但二者不能相互代替。和水果相比，蔬菜类食物中的矿物质（如钙、铁等）和膳食纤维更加丰富，叶酸及其他B族维生素的含量也要比水果多；而水果的营养优势在于，因为不需要烹饪就能食用，所以其所含的水溶性维生素，特别是维生素C的摄入率比较高，而蔬菜中的很多维生素会在加工过程中流失，实际摄入量不及新鲜水果。因此在为宝宝安排日常饮食时，蔬菜和水果都应兼顾到，但添加的重点应放在蔬菜上，以蔬菜为主、水果为辅。因为水果含糖量较高，过多食用容易因糖分摄入超标给宝宝带来营养不均衡和超重的隐患。

妈咪提问

Q: 什么是氨基酸的互补作用？

A: 谷物中的蛋白质是由多种氨基酸构成的，但各种食物中的氨基酸组成不尽相同，在某一种食物中缺乏的氨基酸可能在另一种食物中含量丰富。如果将不同种类的食物按合适的比例混合食用，其所含的氨基酸可以取长补短，最后成为一种更适合人体吸收利用的较为完美的混合膳食，从而起到提高蛋白质利用率的作用，这就是氨基酸的互补作用。

6 6月龄每日添加次数

刚开始每日添加1次即可，第一次添加辅食的时间建议选择在上午11点左右。为了保证母乳喂养，建议先喂母乳，在宝宝半饱时再喂辅食，然后再根据需要哺乳。

刚开始宝宝可能吃得不多，这并不意味着宝宝不喜欢吃，只是他需要一个适应的过程，适应新食物的味道、质地和吞咽的方法。一旦适应了，他就会越吃越快、越吃越多。

宝宝消化吸收得好可逐渐加到每次2～3勺，观察3～5天，没有过敏反应，如呕吐、腹泻、皮疹等，再添加第二种辅食。按照这样的速度，宝宝1个月也就可以添加6～10种辅食。但对于宝宝品尝味道来说已经足够了，妈妈千万不要太着急。

如果宝宝有过敏反应或消化吸收不好，应该立即停止添加的食物，1周以后再试着添加。如果宝宝不接受辅食，可以在辅食中加一些母乳（按照米粉和奶1：4或1：5的比例冲调），宝宝可能会更容易接受。如果宝宝一下子就爱上了辅食，就要先喂完奶后再喂辅食，以免影响奶的摄入量。

有些妈妈喜欢在两顿奶之间给宝宝加辅食，隔2小时就加1次。这样做一方面妈妈很累，另一方面宝宝总是处于半饿半饱的状态，饥饿感不强，吃起来自然不是很香，宝宝的消化系统也得不到休息。

温馨提示

家长可根据宝宝的作息时间合理安排进食的时间，如果宝宝在睡觉，不要打扰他，可等宝宝睡醒再喂奶或吃辅食。

7 6月龄喂辅食的技巧

❶ 使用小勺喂辅食

不建议家长把辅食放在奶瓶里，因为添加辅食的一个主要目的就是要让宝宝学会吃，而不是喝。吃是宝宝口腔肌肉发育、锻炼手眼协调能力、培养咀嚼和吞咽能力不可或缺的过程。可选择大小合适、质地较软的勺子，开始时只在勺子的前面装少许食物，用勺子压住宝宝的下嘴唇，宝宝的嘴会张开，然后轻轻地将勺子平伸，放到宝宝的舌尖上。宝宝会用上嘴唇把食物抿到嘴里，并吞咽下去。不要让勺子进入宝宝口腔的后部或用勺子压住宝宝的舌头，那样会引起宝宝的反感或引起呕吐。

刚开始添加辅食时，宝宝吐出来的食物可能比吃进去的还要多，这是因为他还不习惯吃辅食的方式，还没有掌握咀嚼和吞咽的技巧。家长不必着急，给宝宝擦干净后可继续喂余下的食物，多喂几次宝宝就习惯了。

2 不要喂得太快

特别是在刚添加辅食的时候，要等宝宝把嘴里的食物咽下去再喂第二口，不要一口一口喂得太快。但整个用餐时间也不要拖得太长，一般不要超过 15 ~ 20 分钟。

3 不要逼迫宝宝进食

第一次喂宝宝吃辅食，一定要让他有一个愉快的进餐体验，千万不要逼迫宝宝进食。宝宝的食欲不可能始终保持一个水平，有时食欲好些，有时就差些，家长不要用一个固定的喂食量来要求宝宝。最好的方法是观察宝宝吃辅食时的反应：如果宝宝在喂食过程中将头转开，避开勺子或紧闭双唇，甚至一下子哭闹起来，不肯再继续吃，这可能表示他已经吃饱了。此时决不要再强迫他吃，顺其自然，第二天在同样的时间再尝试。如果宝宝连续两天拒绝同一种食物就不应勉强他吃该种食物，可换别的食物试试或者换换餐具，宝宝不爱吃的食物可待日后再做尝试。如果他没吃够会用嘴找来找去，或哼哼唧唧不高兴，甚至哭喊起来。妈妈只要在喂养过程中多留意，一定能掌握自家宝宝的饮食规律，例如什么样的表现是饿了、什么样的表现是吃饱了，喜欢吃的食物或不喜欢吃的食物，宝宝都会用表情语言和肢体语言表现出来。不用担心宝宝的饮食量，只要在一定的时间内（比如 1 周）是达标的就可以。

宝宝没吃完的辅食不要留到下次吃，以免因为卫生问题引发宝宝胃肠道疾病。

市售的婴儿食品要注意保质期，打开后如果不能一次吃完可放入冰箱冷藏，如果 24 小时内还没吃完则应丢弃。

家人不要一边看电视一边喂宝宝吃饭，或者为了吸引宝宝的注意力，让宝宝边玩玩具边吃饭，要从一开始就让宝宝养成专心吃饭的好习惯。也不要在喂宝宝吃饭时和宝宝说太多的话，或是和其他家庭成员聊天。大人的行为对宝宝影响很大，宝宝会不自觉地模仿大人，让宝宝做到的大人一定要先做到。

? 妈咪提问

Q: 为什么添加辅食后宝宝反而瘦了？

A: 家长可以从以下几方面查找原因，然后采取相应的对策：（1）奶量不够。由于辅食添加不当或者其他原因影响了宝宝正常的奶量，由此造成营养吸收不足。（2）辅食添加不够。母乳喂养的宝宝没有及时添加辅食，造成发育所需的营养不足，缺铁，缺锌，能量不够，所以消瘦。（3）6 个月以后，宝宝从母体带来的免疫力逐渐消失，抵抗力变差，容易生病，影响了生长发育和食欲，所以消瘦。（4）辅食添加未适应宝宝的消化能力，宝宝吃得不少，但排出的也多，当然生长速度减慢，变得消瘦了。

第 3 节 谷薯类辅食制作方法

1.【补充铁质】

婴儿富铁米粉

适用月龄 6月龄左右。

所需食材 强化铁的1段婴儿米粉，温开水或母乳或配方奶。

制作方法

按产品说明将米粉调匀，用小勺喂食。注意，不必把冲调的米粉再烧煮，否则米粉里的水溶性营养物质容易被破坏。

妈咪提问

Q: 市场上的婴儿米粉种类很多，该怎么选择呢？

A: 米粉是按照宝宝的月龄来分阶段的：第1阶段是针对4～6月龄婴儿的米粉，此阶段的米粉中添加和强化的是蔬菜和水果（有的也会添加一些蛋黄），而不是荤的食物，这样有利于小宝宝的消化；第2阶段是针对6月龄以上婴儿的米粉，常常会添加一些鱼肉、肝泥、牛肉、猪肉等，营养更丰富。妈妈应该按照宝宝的月龄选择米粉。当然，除了注意月龄，妈妈还可以根据宝宝的需要，挑选不同配方的米粉，如交替喂养胡萝卜配方和蛋黄配方的米粉等，以让孩子吃得更均衡全面一些。

Q: 婴儿米粉国产的好还是进口的好？

A: 很难说国内的产品就比国外的产品差。其实，国外的著名品牌虽然各有特点，但只是各自添加的微量营养素稍有差别，总体上还是大同小异。国内的婴儿米粉生产在经过对国外同类产品的学习和技术引进革新后，已经达到科学配方水平。已经通过国家检测的合格产品，妈妈们完全可以放心选用。

Q: 婴儿麦粉和婴儿米粉哪一种更好呢？

A: 宝宝吃婴儿麦粉就像我们大人吃面条，而吃婴儿米粉就像大人吃米饭，营养成分当然不一样，不能说哪一样更好。但第一次给宝宝添加辅食最好选择米粉，因为米粉不容易导致过敏。

Q: 可以用配方奶冲调米粉吗？

A: 米粉和奶粉可以混在一起冲调，冲调时应先将米粉调好，调得稠一点儿，然后泡一杯配方奶，再去稀释较稠的米粉，这样冲调出来的效果比较好。也有专家主张米粉不要和奶粉冲在一起喂。

Q: 可以用果汁、菜汁或菜汤调米粉吗？

A: 现在很多米粉本身就不是纯米粉，已经添加了果汁、菜汁，味道比较鲜美，营养也丰富。而且，市售的米粉中一般都强化了钙、锌等微量元素，而菜汁中多含有植酸和草酸，常会影响米粉中钙的吸收。菜汤中一般都会添加食盐和调味品，对宝宝未发育完善的肾脏不利，所以不宜用菜汤冲调米粉。

Q: 可以将米饭粉碎充当米粉吗？

A: 不建议这样做，因为家里吃的大米一般都是精制大米，再经过洗淘，B族维生素丢失了很多，烧煮时又丢失了一些营养素，无法与婴儿专用的米粉相比。再说，经过这么多道工序，卫生也不一定能得到保证，用这样的食物喂养宝宝不好。而婴儿专用米粉大多强化了该年龄段宝宝生长发育所必需的营养素。

Q: 可以在米粉中加糖或牛奶伴侣等其他成分吗？

A: 没必要在米粉中添加牛奶伴侣或糖等成分，这样做并没有增加营养价值，只是加重了口味，而这样的口味很容易使宝宝以后形成挑食的坏习惯。我们主张吃自然的东西，牛奶是什么味道就是什么味道，米粉原来是什么味道就是什么味道，不要加糖等其他成分。

Q: 婴儿米粉应该吃多长时间？

A: 婴儿米粉作为宝宝开始添加辅食的首选，一是因为它强化了这一阶段宝宝所需的重点营养素，二是因为它可以调成泥糊状，利于宝宝咀嚼和吞咽。随着月龄的增长，宝宝咀嚼和吞咽的能力越来越强，消化系统的功能日益完善，能吃的食物种类越来越多，米粉就可以渐渐退出宝宝的餐桌了。米粉的退出应该是一个循序渐进的过程，米粉越来越少，其他食物越来越多，一般在宝宝10～12月龄时就不用再吃米粉了。

2.【补脾和胃】

大米粥

适用月龄 6月龄左右。

所需食材 大米正常煮粥量，水适量。

制作方法

1. 将大米用清水淘洗两遍，加适量水煮成厚粥。
2. 放温后取1～2勺喂宝宝（米粒一定要煮烂）。

稀粥含水量大，食物能量密度低，容易增加宝宝的胃肠负担，给宝宝喝的粥应该稠一些，而且在这一阶段只作为米粉的调剂，不宜作为主要辅食。

营养点评 大米（准确地说是“粳米”）是中国人的日常主食之一，很多人因为天天吃，太熟悉了，便忽视了大米的营养价值。现代营养学研究发现，每100克粳米平均含有77.3克碳水化合物，是人体最主要、最经济的能量来源，粳米中的蛋白质含量虽然在日常主食中并不算高，但所含必需氨基酸比较全面，而且易于消化吸收。大米还含有比较多的膳食纤维和钙、磷、铁、锌、硒等营养素。

3.【和胃安眠】

小米粥

适用月龄 6月龄左右。

所需食材 小米正常煮粥量，适量水。

制作方法

❶ 将小米用清水淘洗两遍，加适量水煮成厚粥。

❷ 放温后米粥上有一层清汤（即米粥油），取1～2勺喂宝宝，也可以直接喂粥（米粒一定要煮烂）。

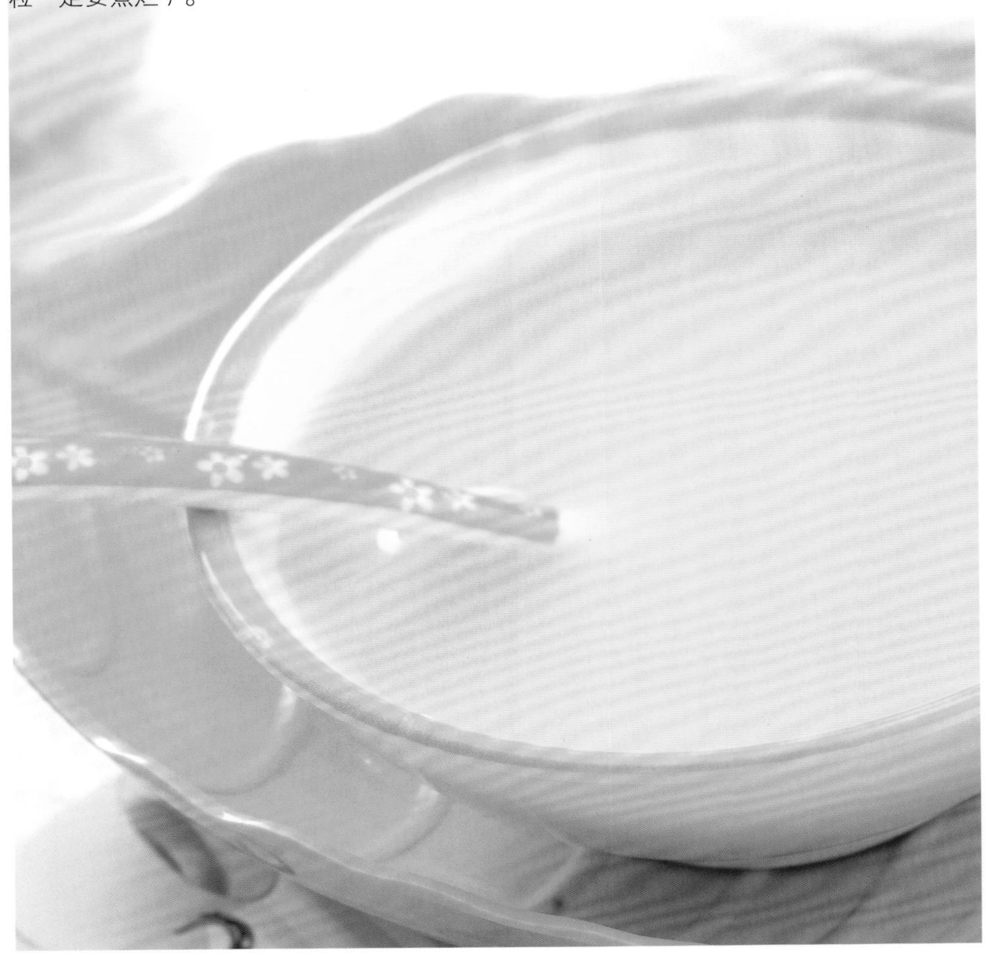

营养点评

在门诊咨询中，很多妈妈都问小宝宝能不能吃补品，其实小米就是最好的补品。小米不仅含有较多的碳水化合物，可为宝宝提供生长发育所需的能量，而且因为不需要精制，保存了许多维生素和矿物质。小米的维生素 B_1 含量是大米的1倍多，维生素 B_1 可保护神经系统、促进胃肠蠕动、增加食欲。小米还含有较多的磷、钾、镁。磷构成骨骼和牙齿，参与能量代谢，调节体内的酸碱平衡，还是使心脏有规律地跳动、维持肾脏正常功能和传达神经刺激的重要物质；钾在人体内的主要作用是维持酸碱平衡、参与能量代谢、维持神经肌肉的正常功能；镁对维持骨骼和牙齿的强度和密度有重要作用，还能促进钙的吸收，没有镁，钙很难发挥作用。小米煮粥能健胃消食、补虚健脾、和胃清热，有“代参汤”之美称，对于不爱吃饭和脾胃功能不好的宝宝很有帮助。

温馨提示

本阶段宝宝的饮食量很小，我们建议的食材量是从易于操作的角度考虑的，并不是宝宝的饮食量，千万不要认为做多少，宝宝就得吃多少。粥类辅食，宝宝吃不完的可以留一两天；蔬菜、水果类辅食，宝宝吃不完的大人可以吃掉，不要留到下一次。

妈咪提问

Q：如何选购小米？

A：正常的小米米粒大小及颜色均匀，呈乳白色、黄色或金黄色，有光泽，很少有碎米，无虫，无杂质。

可以取少量小米放在白纸上，用嘴哈气使其润湿，然后用纸捻搓小米数次，观察纸上是否有轻微的黄色，如有黄色说明小米中染有黄色素。也可将少量小米加水润湿，如水有轻微的黄色说明掺有黄色素。

正常小米闻起来有清香味儿，无其他异味儿。严重变质的小米手捻易成粉状，碎米多，闻起来有霉变味儿或其他不正常的气味儿。

4.【益智健脑】

玉米面粥

适用月龄 6月龄左右。

所需食材 玉米面正常煮粥量，水适量。

制作方法

❶ 取适量玉米面倒入碗中，加凉白开水调匀。

❷ 锅中放水，大火烧开。

❸ 将调匀的玉米面倒入锅中，不停搅动。

❹ 大火转中火，煮15分钟左右即可。

营养点评 现代研究证实，玉米中含有丰富的不饱和脂肪酸，尤其是亚油酸的含量高达60%以上，它和玉米胚芽中的维生素E协同作用，可促进宝宝的生长发育，特别是大脑和神经系统的发育。玉米中含有较多的谷氨酸，谷氨酸能促进脑细胞代谢，有一定的健脑功能。玉米中的膳食纤维可以清洁消化壁和增强消化功能，稀释和加速食物中有毒物质的移除，对人体的健康有重要意义。中医认为玉米有开胃健脾、除湿利尿等作用，对腹泻、消化不良等有疗效。

5.【营养加倍】

二米粥

适用月龄 6月龄左右。

所需食材 大米、小米按2：1的比例准备好，水适量。

制作方法

❶ 将大米和小米用清水淘洗两遍，加适量水煮成厚粥。

❷ 放温后取1~2勺喂宝宝喝。

营养点评 大米和小米搭配，有极佳的营养互补作用，而且两种米一起煮粥味道鲜美，口感也好，宝宝一般都爱喝。

6.【增强免疫力】

小米红枣粥

适用月龄 6月龄左右。

所需食材 小米正常煮粥量，干品大红枣3～5枚，水适量。

制作方法

❶ 将干品大红枣浸软洗净，掰开后取出枣核。

❷ 与淘洗干净的小米一起加适量水煮成厚粥（米粒一定要煮烂）。

❸ 稍放温喂宝宝。红枣可去皮，用勺碾成泥喂宝宝吃。

营养点评

小米和红枣都富含碳水化合物，可提供充足的能量，还可滋阴养血、提高人体免疫力、补气健脑，而且口感甘甜，非常适合小宝宝食用。

7.【促进视觉发育】

适用月龄 6月龄左右。

所需食材 大小适中的红薯1/2个，水适量。

制作方法

❶ 将红薯洗净、去皮，切成小块儿。

❷ 将红薯块儿放入锅内，隔水蒸15～20分钟至烂熟。

❸ 取出红薯块儿，放入食物料理机内，加适量温水打成泥。

营养点评 红薯又称“甘薯”“番薯”“山芋”等，蒸煮后可作为主食，但营养价值比普通主食高。红薯中蛋白质含量虽然不高，但组成比较合理，必需氨基酸含量高，特别是谷类食物中比较缺乏的赖氨酸含量较高，可弥补大米、白面中的营养缺失，经常食用可提高人体对主食中营养的利用率。

红薯中的胡萝卜素含量在谷类和薯类食物中是最高的（750微克/100克），还含有一定量的维生素C（26毫克/100克）。红薯中独特的生物类黄酮成分，能使排便通畅、提高消化器官的功能、滋补肝肾，对肝炎和黄疸也有疗效。红薯还可凉血活血、益气生津、解渴止血。

8.【防止贫血】

土豆泥

适用月龄 6 月龄左右。

所需食材 当年的新鲜土豆 1/2 个，水适量。

制作方法

❶ 先将土豆洗净、去皮，切成片儿。

❷ 将土豆片儿放入锅中，隔水蒸到熟烂。

❸ 将土豆片儿取出，加适量温开水，用研磨碗碾成泥状。

土豆含有一种生物碱，为有毒物质。这种有毒的化合物通常集中在土豆皮里，因此食用时一定要去皮，特别是要削净已变绿的皮。此外，发了芽的土豆更有毒，不要给宝宝吃这种发芽的土豆。

营养点评 土豆是典型的高钾低钠食物，土豆的钾含量是谷类和薯类食物中最高的，每 100 克可食部含钾 342 毫克。维生素 C 含量在谷类和薯类食物中也是最高的，每 100 克可食部含维生素 C 27 毫克，可与水果媲美。而且土豆中的维生素 C 处于淀粉的保护之下，烹饪时破坏较少。土豆还含有较多的维生素 B_6，维生素 B_6 可以促进铁和锌的吸收，间接影响神经系统的生理功能，参与造血和抗体的合成，缺乏维生素 B_6 可能造成巨幼细胞贫血和抵抗力下降。

9.【补脾养胃】

山药泥

适用月龄 6 月龄左右。

所需食材 山药 1/2 根，水适量。

制作方法

❶ 山药去皮、洗净，切成小片儿，平摊在盘子里。

❷ 将水倒入蒸锅里烧开，把装着山药的盘子放在蒸锅里蒸，蒸到山药完全变软（如果想使山药快点儿熟就要将山药切得薄一些）。

❸ 将蒸好的山药拿出来稍微凉一下，用饭勺把它全部压烂成泥状，也可以放在保鲜袋里用擀面杖擀轧成泥。

营养点评 山药含有淀粉酶，能分解蛋白质和碳水化合物，还含有钙、磷、铁、碘等人体不可缺少的矿物质。中医认为，山药有补脾养胃、生津益肺的功效，对脾虚食少、久泻不止、肺虚喘咳有疗效。湿热寒邪以及便秘者不宜食用。

10.【补气益肾】

芋头泥

适用月龄 6 月龄左右。

所需食材 小芋头 1 ~ 2 个，水适量。

制作方法

❶ 芋头去皮、洗净，切成片儿。

❷ 将水倒入蒸锅里烧开，把装着芋头的盘子放在蒸锅里蒸，蒸到芋头完全变软（15 ~ 20 分钟）。

❸ 将蒸好的芋头拿出来稍微凉一下，用饭勺压烂成泥，也可以放在保鲜袋里用擀面杖擀轧成泥。

营养点评 芋头营养丰富，含有大量淀粉、矿物质及维生素，既是蔬菜又是粮食。由于芋头的淀粉颗粒小，仅为土豆淀粉的 1/10，所以其消化吸收率高达 98.8%。芋头含有一种黏液蛋白，被人体吸收后可提高抵抗力；还含有丰富的黏液皂素，能增进食欲、帮助消化。芋头的氟含量较高，具有洁齿防龋、保护牙齿的作用。

温馨提示

芋头的黏液会使皮肤过敏，最佳的削皮方法是在流动的水中削或戴手套处理。削皮之后如果不马上使用，必须浸泡于水中。芋头不耐低温，不能放入冰箱。气温低于 7℃时，应存放于室内较温暖处，防止因冻伤造成腐烂。

第 4 节 肉蛋类辅食制作方法

1.【健脑益智】

蛋黄泥

适用月龄 6 月龄左右。

所需食材 鸡蛋 1 个，母乳或配方奶或温开水适量。

制作方法

❶ 鸡蛋煮熟后立即剥掉蛋壳和蛋白，按哺喂量取出蛋黄（从 1/4 个蛋黄开始）。

❷ 往蛋黄中加入少许母乳或配方奶或温开水，将蛋黄碾成粗泥状，用小勺喂宝宝吃。

营养点评 鸡蛋是优质蛋白质和维生素 B_{12} 的重要来源，富含花生四烯酸（ARA）和胆碱，钙、磷、碘的含量也比较高。蛋黄中含有大量的卵磷脂、胆固醇和丰富的维生素 A、维生素 D、维生素 B_1 和一定量的维生素 E，以及硒等多种微量元素。这些营养素不仅有助于增强神经系统的功能，而且维生素 D 和维生素 E 还可参与体内的免疫调节，对维持正常的免疫功能发挥重要作用。维生素 D 还可影响钙的吸收，很多缺钙的宝宝并不是因为钙的摄入量不够，而是缺乏维生素 D，致使钙的吸收不好。

市场上鸡蛋品种很多，有白壳鸡蛋、红壳鸡蛋，还有土鸡蛋、乌鸡蛋。鸡蛋壳的颜色取决于鸡的品种，而鸡蛋黄的颜色取决于饲料。如果饲料中类胡萝卜素和维生素 A 含量高，蛋黄的颜色就深。从营养素成分来看，土鸡蛋的钙含量最高，比其他鸡蛋高 30 毫克 /100 克，而且钙磷比例合适；钾的含量是其他鸡蛋的 1 倍多，蛋白质含量也略高于其他鸡蛋；而脂肪、维生素 B_2、铁和硒的含量则低于其他鸡蛋。白壳鸡蛋的维生素 A 含量最高，硒的含量也略高于其他鸡蛋。红壳鸡蛋的脂肪、维生素 B_1、维生素 B_2、维生素 E 和铁的含量比其他鸡蛋高。

2.【促进发育】

蛋黄土豆泥

适用月龄 6月龄左右。

所需食材 鸡蛋1个，大小适中的土豆1/2个，母乳或配方奶或温开水适量。

制作方法

❶ 鸡蛋煮熟后立即剥掉蛋壳和蛋白，按哺喂量取出蛋黄。

❷ 将土豆洗净、去皮，切成片儿，放到蒸锅中蒸十几分钟，如果用筷子可以轻松插入，就说明可以关火取出了。

❸ 将土豆片儿盛入碗中捣成泥。

❹ 将鸡蛋黄和土豆泥混合，加入少许母乳或配方奶或温开水调匀，用小勺喂宝宝吃。

营养点评 土豆富含维生素 B_6、维生素C和钾，蛋黄含有婴儿大脑和神经系统发育必需的DHA、胆碱、卵磷脂及多种微量元素。蛋黄和土豆搭配，土豆中的维生素 B_6、维生素C可促进蛋黄中铁等微量元素的吸收，促进大脑和神经系统的发育。

3.【补充能量】

蛋黄豌豆泥

适用月龄 6月龄左右。

所需食材 鸡蛋1个，嫩豌豆少许，母乳或配方奶或温开水适量。

制作方法

❶ 将豌豆蒸熟、去皮，入搅拌器搅成泥或碾压成泥，均匀地铺在小瓷盘上。

❷ 将生鸡蛋煮熟，取出蛋黄，调成蛋黄泥。

❸ 将蛋黄泥做成有趣的图形贴在豌豆泥上即可。

营养点评 豌豆与富含氨基酸的食物（如蛋黄）一起烹调可以明显提高其营养价值。

4.【补铁优选】

猪肉泥

适用月龄 6月龄左右。

所需食材 猪里脊肉50克，鸡蛋1个，淀粉少许。

制作方法

1. 将肉洗净、剁碎，或用食品加工机粉碎成肉糜。
2. 将鸡蛋磕入碗中，将鸡蛋液打匀。
3. 用勺子将肉糜研压一下，调入部分鸡蛋液和少许淀粉，用筷子搅拌均匀。
4. 加适量水蒸熟或煮烂成泥状，放温取1小勺试喂，逐渐增加喂食量。

营养点评 第一次给宝宝添加肉类辅食，猪里脊肉是很好的选择。因为猪里脊肉不仅营养丰富，而且肉质较嫩，易消化。

温馨提示

肝脏是动物体内最大的毒物中转站和解毒器官，血液中大部分毒物甚至与蛋白结合的毒物都能进入肝脏。因此，肝脏不宜多吃，每周添加一次即可。

5.【强力补铁】

猪肝泥

适用月龄 6月龄左右。

所需食材 猪肝1小块儿。

制作方法

1. 将猪肝肝洗净，剔除筋膜。
2. 上锅蒸熟或煮熟，取出，用勺子碾成泥。
3. 放温取1小勺试喂。

营养点评 此年龄段是宝宝缺铁性贫血的高发期，动物肝脏富含铁元素，而且易于宝宝吸收利用。人们最常吃的是猪肝，和鸭肝、鸡肝相比，猪肝有6种营养素含量位列第一，虽然鸭肝的含铁量比猪肝多，但只多1毫克，因此，从营养的全面均衡方面考虑，猪肝是最优选择。第二选择是鸭肝，鸭肝的硒含量非常高，每100克可食部含硒57.27微克；而且猪肝和鸭肝都含有一定量的维生素C（鸭肝18毫克/100克，猪肝15毫克/100克），但鸡肝中没有。

为了消灭残存在肝里的寄生虫卵或病菌，烹调时间不能太短，应使肝完全变成灰褐色、看不到血丝为好。

妈咪提问

Q: 怎样挑选动物肝脏？

A: 建议挑选色泽鲜活、有光泽而且匀称、没有结节、没有污点、触手柔软而富有弹性的肝脏。

第 5 节 蔬菜类辅食制作方法

1.【东方小人参】

适用月龄 6 月龄左右。

所需食材 新鲜胡萝卜 1 根。

制作方法

1. 将胡萝卜洗净、去皮，切成条状或片状，放入碗中。
2. 锅内放入清水，水煮开后放入胡萝卜，隔水蒸至软烂。
3. 放温，将胡萝卜碾成泥。

营养点评 胡萝卜被誉为“东方小人参”，所含的 β－胡萝卜素比白萝卜及其他蔬菜高出 30 ～ 40 倍。β－胡萝卜素进入人体后能在一系列酶的作用下转化为维生素 A，然后被身体吸收利用。维生素 A 具有促进机体正常生长与繁殖、维持上皮组织、防止呼吸道感染与保持视力正常、治疗夜盲症和眼干燥症等功能。

2.【清热解暑】

适用月龄 6 月龄左右。

所需食材 新鲜冬瓜 3 ～ 4 片。

制作方法

1. 冬瓜去皮、去瓤。
2. 切片后放入开水中煮 10 ～ 15 分钟。
3. 取出放温，碾成泥。

营养点评 冬瓜是营养价值很高的蔬菜，人体必需的8种氨基酸，冬瓜中含有7种，其中谷氨酸和天冬氨酸含量较高，还含有儿童特别需要的组氨酸。冬瓜的水分含量很高，每 100 克可食部含水分 96.6 克，在日常蔬菜中数一数二。冬瓜有良好的清热解暑功效，夏季多吃些冬瓜不但解渴、消暑、利尿，还可使人免生疔疮。湿热体质的宝宝若有胀满、痰多、暑热烦闷、消渴、湿疹、疖肿等均可食用，脾胃虚寒、容易腹泻的宝宝慎用。

3.【解毒驱虫】

南瓜泥

适用月龄 6月龄左右。

所需食材 南瓜1块，水适量。

制作方法

1. 南瓜去皮、去瓤，放在碗里隔水蒸至软烂。
2. 将已经蒸熟的南瓜碾成泥，取1个核桃大小的量喂宝宝吃。

营养点评 南瓜除了含有较多的β－胡萝卜素之外，还含有南瓜多糖、果胶等营养素。南瓜多糖是一种免疫增强剂，能提高免疫功能；果胶有很好的吸附性，能黏结和消除体内细菌、毒素和其他有害物质，如重金属中的铅、汞和放射性元素，起到解毒的作用。

南瓜纤维比较长，喂宝宝吃时一定要碾碎，否则宝宝不易吞咽。多吃南瓜会助长湿热，皮肤患有疮毒、易风痒、患黄疸的宝宝应少吃或不吃。

4.【清心明目】

苦瓜泥

适用月龄 6月龄左右。

所需食材 新鲜苦瓜1/2个，水适量。

制作方法

1. 苦瓜洗净，切开，去瓤。
2. 放入开水中煮10～15分钟。
3. 取出放温，碾成泥。

营养点评 苦瓜维生素C含量（56毫克/100克）居瓜类之首，还含有丰富的钾（256毫克/100克），特别适合夏季食用，有清凉解渴、清热解毒、清心明目、益气解乏、益肾利尿的作用，对中暑、暑热烦渴、痱子过多、痢疾、少尿等有疗效。苦瓜还含有大量膳食纤维，很多宝宝便秘，大便跟球似的，喝点苦瓜水有利于排便。

对于这个阶段的宝宝来说，添加苦瓜主要是让宝宝品尝一下淡淡的苦味，如果宝宝不喜欢不必强求。

妈咪提问

Q: 如何选购苦瓜？

A: 苦瓜身上一粒一粒的果瘤，是判断苦瓜好坏的特征。颗粒越大越饱满，说明瓜肉越厚；颗粒越小，瓜肉越薄。除了要挑果瘤大、果形直立的，还要挑颜色青绿的，因为如果苦瓜发黄，就说明已经熟过劲儿，果肉柔软不脆，失去了苦瓜应有的口感。

5.【补充能量】

豌豆泥

适用月龄 6月龄左右。

所需食材 嫩豌豆，母乳或配方奶或温开水适量。

制作方法

1. 豌豆去皮、蒸熟。
2. 同适量母乳或配方奶或温开水一同倒入食物料理机，搅成泥或碾成泥。

营养点评 豌豆含有丰富的植物蛋白质（20.3克/100克）和碳水化合物（65.8克/100克），蛋白质不仅含量高而且质量好，包括人体所必需的各种氨基酸；还含有丰富的不溶性膳食纤维（10.4克/100克）、维生素 B_1（0.49毫克/100克）、维生素 B_2（0.14毫克/100克），钾含量也很高（823毫克/100克），经常食用对生长发育大有益处。豌豆中含有止杈酸、赤霉素和植物凝素等物质，具有抗菌消炎、增强新陈代谢的功能。中医认为豌豆有理中益气、补肾健脾、和五脏、生精髓、除烦止渴的功效。

6.【润燥通便】

菠菜泥

适用月龄 6月龄左右。

所需食材 新鲜菠菜2～3棵，水适量。

制作方法

① 将菠菜叶浸泡、洗净，放入开水中焯2～3分钟。

② 捞出后切碎，放入研磨碗中捣成泥。

温馨提示

菠菜中的草酸与钙结合易形成草酸钙，会影响人体对钙的吸收。因此，做菠菜时要先将菠菜用开水焯一下，可去除80%的草酸。

营养点评 菠菜含有丰富的胡萝卜素、B族维生素、维生素C（32毫克/100克）、钙（66毫克/100克）、磷、钾及一定量的铁、维生素E、芸香苷、辅酶Q10等有益成分，能供给人体多种营养物质。菠菜中所含的胡萝卜素（2920微克/100克）可在人体内转变成维生素A，能维护正常视力和上皮细胞的健康，增强抵抗力，促进生长发育；B族维生素可预防口角炎等维生素缺乏症的发生；植物粗纤维具有促进肠道蠕动的作用，利于排便，且能促进胰腺分泌，帮助消化。

7.【强力补钙】

油菜泥

适用月龄 6月龄左右。

所需食材 新鲜油菜2～3棵，水适量。

制作方法

① 将油菜叶浸泡、洗净，放入开水中焯2～3分钟。

② 捞出后切碎，放入研磨碗中捣成泥。

营养点评 油菜的钙含量在日常蔬菜中数一数二，每100克可食部含钙153毫克，与牛奶大致相当；叶酸含量（103.9微克/100克）也很丰富，可轻松满足宝宝每日膳食需求。中医认为油菜特别适宜患口腔溃疡、口角湿白的宝宝食用，但小儿麻疹后期要少食。

也可以给宝宝吃些小白菜叶泥。和油菜相比，小白菜含有更多的胡萝卜素和维生素C，铁的含量也比油菜略高，但小白菜的叶酸、钙的含量都比油菜低。南方常吃一种叫做“鸡毛菜”的青菜，这种青菜叶酸含量非常高，每100克可食部含叶酸165.8微克，维生素B_2和铁的含量也不低，尤其适合肺热咳嗽、身热、口渴、食少便秘、腹胀的宝宝食用。

8.【润肠祛热】

芥蓝泥

适用月龄 6月龄左右。

所需食材 新鲜的嫩芥蓝3～5棵，水适量。

制作方法

❶ 挑选嫩芥蓝叶浸泡、洗净，放入开水中焯2～3分钟。

❷ 捞出后切碎，放入研磨碗中捣成泥。

❸ 也可以先把叶子切碎，用食物料理机打成泥，再放入锅中蒸熟。

营养点评 芥蓝的胡萝卜素（3450微克/100克）、维生素C（76毫克/100克）和钙（128毫克/100克）含量都很丰富，对宝宝的生长发育非常有益；还含有金鸡纳霜，能抑制过度兴奋的体温中枢，起到消暑解热的作用。中医认为芥蓝有利水化痰、解毒祛风、消暑解热、解劳乏、清心明目等功效，能润肠祛热、下虚火、止牙龈出血，对肠胃热重、虚火上升、牙龈肿胀出血有辅助治疗效果。

9.【促进发育】

西蓝花泥

适用月龄 6月龄左右。

所需食材 新鲜的西蓝花4～5小朵，水适量。

制作方法

❶ 将西蓝花浸泡、洗净，放入开水中焯2～3分钟。

❷ 捞出后切小块儿，用食物料理机打成泥。

❸ 也可以先把西蓝花切成小块儿，用食物料理机打成泥，再放入碗中蒸熟，这样营养流失得少一些。

营养点评 西蓝花是营养价值最高的蔬菜之一。胡萝卜素的含量居蔬菜之最，每100克可食部含胡萝卜素7210微克；维生素C的含量也很高（56毫克/100克），可轻松满足宝宝每日膳食需求；还含有丰富的钙，每100克可食部含钙67毫克。西蓝花是含有类黄酮最多的食物之一，类黄酮除了可以防止感染，还是最好的血管清理剂。美国营养学家号召人们在秋季多食用西蓝花，因为这时的西蓝花花茎中营养含量最高。中医认为西蓝花可健脑壮骨、补脾和胃，对于脾胃虚弱、小儿发育迟缓等有疗效。

10.【消积化痰】

白萝卜汁

适用月龄 6月龄左右。

所需食材 新鲜白萝卜1/4个，水适量。

制作方法

1. 将白萝卜洗净、去皮、切片。
2. 放入开水中煮10～15分钟。
3. 放温后随时饮之，现煮现饮。

营养点评 《本草纲目》称白萝卜为“蔬中最有利者”，中国人自古以来就有“冬吃萝卜夏吃姜，一年四季保安康”的说法。中医认为，白萝卜可下气消食、化痰清热、解毒生津、利尿通便，对肺热、便秘、气胀、食滞、消化不良、痰多、大小便不通畅等有疗效。现代研究发现白萝卜含芥子油、淀粉酶和粗纤维，确实有促进消化、增强食欲、加快胃肠蠕动和止咳化痰的作用。

妈咪提问

Q: 如何选购白萝卜?

A: 一要看外表：以根茎圆整、表皮光滑、大小均匀、无开裂、根部呈直条状、带缨、无黄烂叶者为佳。二要掂重量：白萝卜的含水量很高，通常比较沉，用手掂感觉沉甸甸的是好白萝卜，而较轻的可能是空心的，不要购买。三要看表皮：挑选时要看看表皮是否有半透明的斑块儿，如果有，表明不新鲜，甚至可能是受了冻的；如果表皮发暗，可能是黑心的萝卜；如果萝卜顶部有小空洞，也可能是黑心萝卜。

11.【增强食欲】

西红柿汁

适用月龄 6月龄左右。

所需食材 西红柿1/2个，水适量。

制作方法

❶ 将西红柿洗净，去掉根部的蒂，用刀在西红柿上浅浅地划一个小口，然后放入容器中用开水淋浇，注意不要一次淋得太多，否则容易把皮烫破。

❷ 一两分钟之后换用凉开水淋浇，使其慢慢降温。

❸ 等西红柿不再烫手了将其取出，这样皮就可以轻而易举地剥掉了。

❹ 切碎，挤/榨取汁。

❺ 加入2倍于西红柿汁的温开水即可。

营养点评 西红柿所特有的番茄红素有抑制霉菌生长的作用，可治疗由霉菌引起的口腔疾病。只是番茄红素溶于油脂中更易被人体吸收，生吃时番茄红素摄入量较少。西红柿中的维生素C可促进铁和叶酸的吸收，帮助预防缺铁性贫血和巨幼细胞贫血；还可与维生素E和β-胡萝卜素联合作用，保护红细胞，减少溶血的发生。维生素C还可提高机体的免疫力，对某些毒物，如重金属离子、苯、细菌毒素及某些药物有解毒作用。西红柿的水分含量很高，每100克可食部含水分94.4克，夏天可帮助宝宝补充因出汗流失的水分。中医认为，西红柿有养阴凉血、生津止渴、健脾消食、增强食欲等功效。

现在市场上还有一种小西红柿，也叫“圣女果”，很多商家是当作水果来卖的。小西红柿的叶酸含量非常高，每100克可食部有61.8微克叶酸，对宝宝的大脑和神经发育很有益处；维生素C的含量也比普通的西红柿高2倍多，每100克可食部含维生素C 33毫克。可以用小西红柿代替普通的西红柿给宝宝吃，营养更丰富。

12.【增强免疫力】

小白菜叶汁

适用月龄 6月龄左右。

所需食材 新鲜小白菜3～4棵。

制作方法

❶ 将小白菜浸泡、洗净，取叶子部分放入开水中焯2～3分钟。

❷ 弃去焯菜的水，再放入新的开水煮5～10分钟。

❸ 放温后给宝宝喝，现煮现饮。

其他蔬菜的叶子，如卷心菜叶、大白菜叶、生菜叶、苋菜叶、菠菜叶等也可以这样做。

营养点评 小白菜是蔬菜中含矿物质和维生素最丰富的菜，含有丰富的钙、磷、铁、胡萝卜素和维生素C，有助于增强免疫力。食少、便秘、腹胀的宝宝可以多吃小白菜汁，但大便溏薄的宝宝不宜多食小白菜。

13.【清肝解毒】

芹菜汁

适用月龄 6月龄左右。

所需食材 新鲜的嫩芹菜1～2棵，水适量。

制作方法

❶ 将芹菜浸泡、洗净，切成小段儿（保留芹菜叶），放入开水中焯2～3分钟。

❷ 弃去焯菜的水，再放入新的开水煮5～10分钟。

❸ 放温后给宝宝喝，现煮现饮。

营养点评 芹菜含有利尿成分，可消除体内水钠潴留、利尿消肿，对烦热不安、尿浊、小便不利、胃热呕逆、饮食减少有辅助治疗作用。这一阶段给宝宝添加芹菜水主要是为了让宝宝习惯芹菜的味道。

第6节 水果类辅食制作方法

1.【全科医生】

苹果泥

适用月龄 6月龄左右。

所需食材 应季新鲜苹果1/2个。

制作方法

❶ 将苹果洗净，切成两半。

❷ 取其中一半，用勺子刮出苹果泥喂宝宝。

❸ 也可以鲜榨苹果汁，再兑入温开水给宝宝喝。

苹果水的制作方法应视宝宝的月龄和消化功能而定，第一次添加时或天气寒冷时建议煮水喝。

温馨提示

苹果中含有鞣酸，与海味同食不仅降低海味蛋白质的营养价值，还易发生腹痛、恶心、呕吐等。草莓、杨梅、柿子、石榴、柠檬、葡萄、酸柚等，都不宜与海味同食。

营养点评 苹果是世界四大水果（苹果、葡萄、柑橘和香蕉）之冠，所含营养成分易被人体吸收。苹果含有丰富的水溶性食物纤维——果胶，果胶有保护肠壁、活化肠内有益细菌、调整胃肠功能的作用。空腹吃苹果能消除便秘。苹果中的苹果酸和柠檬酸能够促进胃液的分泌，帮助消化。苹果含锌，锌是人体内许多重要酶的组成部分，与产生抗体提高免疫力相关。中医认为，苹果能生津润肺、补脑养血、安眠养神、解暑除烦、开胃消食。

苹果的品种很多，营养素组成基本相同，但也有侧重。比如辽伏苹果和黄香蕉苹果的钙含量比较高，红富士苹果的钾、铁、硒、锰含量比较高，金元帅苹果的锌含量比较高。不同品种，口味和口感也不同。有的清脆酸甜，有的绵软香甜。可以根据自家宝宝的营养状况、咀嚼能力等选择不同的品种，也可以轮换食用。

2.【润肺滑肠】

香蕉泥

适用月龄 6月龄左右。

所需食材 新鲜香蕉 1/2 根。

制作方法

剥开香蕉皮，用小勺直接刮取果肉给宝宝吃即可。

第一次给宝宝吃最好用热水焯一下，而且要适量，只喂一小勺（5～10克）即可。

营养点评 香蕉富含碳水化合物等营养素，据分析，每100克果肉中含碳水化合物20克、蛋白质1.23克、脂肪0.66克、粗纤维0.9克；水分占70％，并含有维生素A原（胡萝卜素）、维生素B_1、维生素B_2、维生素C等多种维生素；此外，还有人体所需要的钙、磷、铁等矿物质。中医认为，香蕉味甘、性寒，具有清热、生津止渴、润肺滑肠的功效。

妈咪提问

Q: 香蕉能在冰箱里存放吗？

A: 香蕉在冰箱中存放容易变黑，不宜放在冰箱储存。可以把香蕉放进塑料袋里，再放1个苹果，然后尽量排出袋子里的空气，扎紧袋口，放在凉爽的地方，这样至少可以保存1个星期左右。

3.【养血益智】

红枣泥

适用月龄 6月龄左右。

所需食材 果肉厚实的干品大红枣5枚，水适量。

制作方法

1. 干品大红枣洗净，加适量水煮沸，再转小火煮10 ~ 15分钟。
2. 将红枣盛出，去皮留枣肉，喂宝宝。

营养点评 红枣是一种营养佳品，被誉为“百果之王”，富含碳水化合物、膳食纤维、维生素 B_2、钙等营养素。干红枣的碳水化合物含量甚至可与谷类食物媲美，每100克可食部高达81.1克，吃红枣不仅可以补充多种维生素和矿物质，而且可以补充能量，一举两得。药理研究发现，红枣能使血中的含氧量增强、滋养全身细胞，还能促进白细胞的生成、提高人体免疫力、抗过敏。

中医认为红枣有补中益气、养血安神、益智健脑、增强食欲、缓和药性等功效，特别适合食少便溏、身体虚弱、脾胃不和、消化不良、贫血消瘦的宝宝，湿热重、舌苔黄、积食、便秘、痰热咳嗽的宝宝应少吃或不吃。

4.【补益大脑】

葡萄汁

适用月龄 6月龄左右。

所需食材 粒大色浓、充分成熟的新鲜葡萄5 ~ 10颗，水适量。

制作方法

1. 将葡萄洗净、去皮，用清洁的纱布包住挤出汁液。
2. 葡萄汁中兑入温开水，喂宝宝喝。

营养点评 葡萄含有氨基酸、卵磷脂、维生素及矿物质等多种营养成分，特别是糖分含量很高(成熟的葡萄含糖量高达10% ~ 30%)，而且以葡萄糖为主，可被人体直接吸收，补充能量，补益和兴奋大脑神经。中医认为葡萄有滋阴补血、强健筋骨、通利小便的功效。

5.【天然矿泉水】

梨汁

适用月龄 6月龄左右。

所需食材 鲜梨1/2个，水适量。

制作方法

① 将梨洗净、去皮，切成小块儿，放入开水中煮沸5分钟，放温后即可给宝宝饮用，随煮随饮。

② 也可以用榨汁机榨出鲜梨汁，兑入温开水给宝宝喝，随榨随喝。

温馨提示

第一次添加时，或天气比较冷的时候最好给宝宝吃温热的梨水或梨泥，宝宝习惯了或天气炎热时可以添加鲜榨的果汁或果泥。

营养点评 梨因其鲜嫩多汁、酸甜适口，有“天然矿泉水”之称。中医认为梨有生津润燥、清热化痰等功效。

梨的品种很多，口感不同，营养价值也各有侧重。库尔勒梨钙、铜的含量很丰富，每100克可食部含钙22毫克、铜2.54毫克。还有一种主产于黄河沿岸和河西走廊地区的软梨，钙、硒、铜的含量更为丰富，每100克含钙25毫克、硒8.43微克、铜4.69毫克。家长可以根据自家宝宝的营养状况、咀嚼能力等选择不同的品种，也可以轮换食用。

6.【消暑去热】

西瓜汁

适用月龄 6月龄左右。

所需食材 应季熟西瓜1个，水适量。

制作方法

① 将西瓜切开，用勺子舀两大勺西瓜瓤（2～3个核桃大小）放入瓷碗中。

② 去掉西瓜子，用勺背将西瓜肉碾碎，压出汁。

③ 兑入温开水，给宝宝饮用。

④ 也可以用西瓜皮绿色部分（中医称“西瓜翠衣”）煎汤，是很好的消暑清凉饮料。

营养点评 西瓜味甘多汁，清爽解渴，是盛夏佳果，被称为“瓜中之王”。西瓜含水量高达95%，还含有大量葡萄糖、果糖、蔗糖、苹果酸等物质，是一种富有营养、纯净、安全的食物。

中医认为西瓜有消烦止渴、解暑热、疗喉痹、宽中下气、利小便、治血痢、治口疮等作用。民间谚语云“夏日吃西瓜，药物不用抓”，夏天吃西瓜对人体甚有补益。

7.【补益生津】

桃汁

适用月龄 6月龄左右。

所需食材 应季鲜桃1个。

制作方法

❶ 将成熟的桃子洗净、去皮，切成小块儿，放入开水中煮沸5分钟。

❷ 放温后给宝宝饮用，随煮随饮。

也可以用榨汁机榨出鲜桃汁，过滤后兑入温开水给宝宝喝，随榨随喝。

营养点评 中医认为，桃性热而味甘酸，有补益生津、解渴消积、润肠镇咳之功效。需要注意的是桃子中含有大量的大分子物质，婴幼儿肠胃透析能力差，无法消化这些物质，很容易造成过敏反应。把桃子蒸熟或煮熟吃一般不会引起过敏。如果出现过敏现象，比如嘴角发红、瘙痒、脱皮或肿胀（严重的可引起腹泻），应立即停止喂食，将宝宝的脸、手洗干净。停止食用后，过敏症状一般可自行消退。

8.【补充维生素C】

橙汁

适用月龄 6月龄左右。

所需食材 橙子1/2个，水适量。

制作方法

❶ 橙子去皮，切成小块儿，放入水中煮沸5分钟，放温后即可给宝宝饮用，随煮随饮。

❷ 也可以将橙子带皮从中间切开，取其中一半反扣在榨汁器上榨出鲜橙汁，过滤后兑入温开水给宝宝喝，随榨随喝。

营养点评 橙子几乎已经成为维生素C的代名词，维生素C含量丰富（33毫克/100克），能增强人体抵抗力，亦能帮助人体将脂溶性有害物质排出体外。橙子中所含的纤维素和果胶可促进肠道蠕动，有利于清肠通便、排除体内的有害物质。中医认为，橙子具有生津止渴、开胃下气的功效。

温馨提示

过多食用橙子等柑橘类水果会引起手、足乃至全身皮肤变黄，严重者还会出现恶心、呕吐、烦躁等症状，也就是老百姓常说的“橘子病”，医学上称为“胡萝卜素血症”。一般不需治疗，只要停吃这类食物即可好转。

9.【顺气止咳】

橘汁

适用月龄 6月龄左右。

所需食材 橘子1个，水适量。

制作方法

❶ 橘子去皮，掰成一瓣一瓣的，放入水中煮沸5分钟，放温后即可给宝宝饮用，随煮随饮。

❷ 也可以将橘子瓣放入食物料理机中打成汁，过滤后兑入温开水，给宝宝喝，随榨随喝。

营养点评 新鲜柑橘的果肉含有丰富的胡萝卜素，能提高机体的免疫力，同时还可以调和肠胃、刺激肠胃蠕动、帮助排气、镇定消化道、刺激食欲。柑橘很温和，非常适合消化系统成长尚未完全、容易打嗝或消化不良的婴幼儿，用后非常有效。柑橘还是很好的中药材，具有顺气、止咳、健胃、化痰、消肿、止痛等多种功效。

温馨提示

柑橘不宜与奶类食物同吃，否则柑橘中的果酸会使奶中的蛋白质凝固，不仅影响吸收，严重者还会出现腹胀、腹痛、腹泻等症状。应在喝完奶后1小时再吃柑橘。

第7节 6月龄营养配餐举例

1 食物的种类与比例

在日常咨询中经常有家长问我："给孩子吃什么最有营养？"我总是告诉他们要想宝宝长得好，关键是要均衡饮食，不能只吃某几种或某几类食物，而是要把中国居民膳食宝塔中提到的各类食物都按一定的比例合理地安排到宝宝的每日饮食中。

6月龄的宝宝，添加的食物种类和量都很有限，营养需求主要还是从母乳或配方奶中获得，因为6月龄的宝宝胃肠道功能还不完善，对辅食的消化吸收能力还远远不如对奶的消化吸收能力强，如果辅食添加过多，辅食中的营养宝宝吸收不了多少，而奶的摄入量又明显减少，宝宝的生长发育就会受影响，控制辅食的添加量以保证奶的摄入量才能使宝宝有全面、充足的营养。一般每日哺乳5～6次（可断夜间奶），总奶量约800毫升。

其次要保证富铁高能量食物的摄入，我们推荐的是强化铁的婴儿米粉、蛋黄泥、肉泥等食物。这些食物每天都应该有，从1～2勺开始添加，逐渐增加到1餐。蔬菜、水果等食物只是少量尝试，没有具体量的要求。如果宝宝的胃口比较小，蔬菜、水果可隔日轮流添加。

每个孩子的情况不一样，饮食量也会有差异。纯母乳喂养的宝宝和配方奶喂养的宝宝在辅食的添加量上应该有所区别。因为从相关研究数据可以看出，配方奶喂养的宝宝往往比纯母乳喂养的宝宝长得快，容易出现生长发育过快的情况。这也就是为什么纯母乳喂养的宝宝和配方奶喂养的宝宝，医生给出的体格发育的参考标准是不同的。家长不要认为宝宝长得越快越好，生长发育过快也会带来一些近期或远期的健康问题。所以，配方奶喂养的宝宝，辅食添加的量可以略少于纯母乳喂养的宝宝。

温馨提示

在添加新食物的同时，宝宝已经添加过、可以接受的食物也可以安排进每周的食谱中，这样宝宝的食谱就会丰富许多，穿插安排，宝宝也更容易产生新鲜感。

2 不同季节推荐添加的食物

不同的季节气候不同，丰产的食物也不同，优先选择应季食物，根据当时当地的气候情况调整饮食，是营养配餐应该秉持的原则。

中国人习惯以立春（公历2月4日前后）、立夏（公历5月5～6日）、立秋（公历8月7～9日）、立冬（公历11月7～8日）来划分一年四季，即春季从2月4日前后开始，到5月4～5日结束；夏季从公历5月5～6日开始，到8月6～7日结束；秋季从公历8月7～9日开始，到11月6～7日结束；冬季从公历11月7～8日开始，到来年的2月4日前后结束。这样的季节划分虽然与我们感觉到的气温的变化是有差距的，但可以使我们借鉴古人的节气饮食智慧，因此我们在设计营养配餐方案时还是使用了这样的季节划分方法。

1 春季推荐添加的食物

春天万物萌生、草长莺飞，人体的新陈代谢也逐渐加快，开始启动快速生长模式。春季饮食调理得当，能为宝宝一年的生长发育打下坚实的基础。

春季饮食大致可以分为两个阶段：初春（二三月间）冷暖空气交锋剧烈，气温忽高忽低，北方多风干燥，很容易咳嗽、上火、感冒、发烧，饮食宜侧重疏风散寒、杀菌防病、滋阴润燥。四五月份暖空气逐渐占据上风，气温回升明显，甚至是迅速攀升，人们还没来得及好好享受春意，炎炎夏日就要来了。这一阶段脾胃功能开始旺盛起来，可以适当增加营养，为安度盛夏做好准备。春季多雨的时段和地区还要注意安排一些祛风除湿的食物。

2 夏季推荐添加的食物

夏季天气炎热、雨水较多，人体因出汗多而导致水分丢失较多，而且脾胃消化功能较差，因此夏季饮食宜清淡，防暑、清热、利湿、补水是夏季饮食的主题。要多吃蔬菜、水果，特别是瓜类蔬菜和酸味水果，还要注意补充一些含钾较多的食物。

3 秋季推荐添加的食物

虽然8月初立秋后还会有“秋老虎”，但天气总的趋势是由热转凉，人体的消耗逐渐减少，食欲开始增加，可调整饮食，以补充夏季的消耗，为越冬做准备。

8月份天气还比较炎热，可多添加一些有消暑作用的食物；9月份秋高气爽、空气干燥，适合添加有滋阴润燥功效的食物；10月中下旬天气逐渐变冷，可多吃一些根茎类食物，防寒养阳。

4 冬季推荐添加的食物

冬三月从公历11月7～8日立冬开始，到来年的2月4日前后止，是一年中最寒冷的时候，应该多吃一些温热补益的食物，不仅能使身体更强壮，还可以起到很好的御寒作用。北方冬季外面寒冷，屋内燥热，要当心上火。

食物种类	春季推荐添加的食物名称
谷薯类食物	强化铁的婴儿米粉、小米、大米、玉米面、红薯、土豆
肉蛋类食物	蛋黄、猪肉、猪肝
蔬菜类食物	胡萝卜、白萝卜、山药、芋头、豌豆、南瓜、菠菜、鸡毛菜、芹菜、芥蓝、油菜、西蓝花
水果类食物	苹果、梨、红枣

食物种类	夏季推荐添加的食物名称
谷薯类食物	强化铁的婴儿米粉、大米、土豆
肉蛋类食物	蛋黄、猪肉、猪肝
蔬菜类食物	胡萝卜、山药、毛豆、豌豆、西红柿、冬瓜、南瓜、苦瓜、菠菜、油菜、鸡毛菜、芥蓝、芹菜、西蓝花
水果类食物	西瓜、葡萄、红枣

食物种类	秋季推荐添加的食物名称
谷薯类食物	强化铁的婴儿米粉、小米、大米、玉米面、红薯、土豆
肉蛋类食物	蛋黄、猪肉、猪肝
蔬菜类食物	胡萝卜、白萝卜、山药、芋头、豌豆、西红柿、冬瓜、南瓜、苦瓜、菠菜、油菜、小白菜、鸡毛菜、芹菜、芥蓝
水果类食物	苹果、梨、红枣、葡萄、橙子、橘子、香蕉

食物种类	冬季推荐添加的食物名称
谷薯类食物	强化铁婴儿米粉、小米、大米、玉米面、红薯、土豆
肉蛋类食物	蛋黄、猪肉、猪肝
蔬菜类食物	胡萝卜、白萝卜、山药、芋头、南瓜、苦瓜、菠菜、油菜、芥蓝、芹菜、西蓝花
水果类食物	苹果、梨、红枣、橙子、橘子、香蕉

3 春季 4 周营养配餐举例

第 1 周 周一至周三	
早上 7 点	母乳和 / 或配方奶
上午 10 点	母乳和 / 或配方奶
中午 12 点	母乳和 / 或配方奶 + 辅食：强化铁的婴儿米粉（新添加，从 1 ~ 2 小勺开始，连续添加 3 天）
下午 3 点	母乳和 / 或配方奶
下午 6 点	母乳和 / 或配方奶
晚上 9 点	母乳和 / 或配方奶
第 1 周 周四至周六	
早上 7 点	母乳和 / 或配方奶
上午 10 点	母乳和 / 或配方奶
中午 12 点	母乳和 / 或配方奶 + 辅食：蛋黄泥（新添加，从 1/4 个蛋黄开始，连续添加 3 天）
下午 3 点	母乳和 / 或配方奶
下午 6 点	母乳和 / 或配方奶
晚上 9 点	母乳和 / 或配方奶
第 1 周 周日	
早上 7 点	母乳和 / 或配方奶
上午 10 点	母乳和 / 或配方奶
中午 12 点	母乳和 / 或配方奶 + 辅食：米粉和蛋黄泥
下午 3 点	母乳和 / 或配方奶
下午 6 点	母乳和 / 或配方奶
晚上 9 点	母乳和 / 或配方奶

第 2 周 周一至周三	
早上 7 点	母乳和 / 或配方奶
上午 10 点	母乳和 / 或配方奶
中午 12 点	母乳和 / 或配方奶 + 辅食：米粉和猪肉泥（新添加，从 1 ～ 2 小勺开始，连续添加 3 天）
下午 3 点	母乳和 / 或配方奶
下午 6 点	母乳和 / 或配方奶
晚上 9 点	母乳和 / 或配方奶
第 2 周 周四至周六	
早上 7 点	母乳和 / 或配方奶
上午 10 点	母乳和 / 或配方奶
中午 12 点	母乳和 / 或配方奶 + 辅食：米粉和胡萝卜泥（新添加，也可以是南瓜泥，从 1 ～ 2 小勺开始，连续添加 3 天）
下午 3 点	母乳和 / 或配方奶
下午 6 点	母乳和 / 或配方奶
晚上 9 点	母乳和 / 或配方奶
第 2 周 周日	
早上 7 点	母乳和 / 或配方奶
上午 10 点	母乳和 / 或配方奶
中午 12 点	母乳和 / 或配方奶 + 辅食：米粉和胡萝卜蛋黄泥
下午 3 点	母乳和 / 或配方奶
下午 6 点	母乳和 / 或配方奶
晚上 9 点	母乳和 / 或配方奶

到第2周结束时，接受速度快的宝宝已经添加了4种食物了。如果宝宝接受速度慢，这周可以只引入肉泥。米粉应该每日添加，其他食物可与米粉进行多种组合。像胡萝卜蛋黄泥或胡萝卜肉泥这类肉蛋菜混合的食物，应以肉蛋为主、菜为辅。

第 3 周　周一至周三	
早上 7 点	母乳和 / 或配方奶
上午 10 点	母乳和 / 或配方奶
中午 12 点	母乳和 / 或配方奶 + 辅食：米粉和红薯泥（新添加，也可以是土豆泥、山药泥、芋头泥）
下午 3 点	母乳和 / 或配方奶
下午 6 点	母乳和 / 或配方奶
晚上 9 点	母乳和 / 或配方奶
第 3 周　周四至周五	
早上 7 点	母乳和 / 或配方奶
上午 10 点	母乳和 / 或配方奶
中午 12 点	母乳和 / 或配方奶 + 辅食：米粉和红薯蛋黄泥（也可以是胡萝卜猪肉泥）
下午 3 点	母乳和 / 或配方奶
下午 6 点	母乳和 / 或配方奶
晚上 9 点	母乳和 / 或配方奶
第 3 周　周六至周日	
早上 7 点	母乳和 / 或配方奶
上午 10 点	母乳和 / 或配方奶
中午 12 点	母乳和 / 或配方奶 + 辅食：米粉 + 菠菜泥（新添加，也可以是其他应季绿叶菜）
下午 3 点	母乳和 / 或配方奶
下午 6 点	母乳和 / 或配方奶
晚上 9 点	母乳和 / 或配方奶

红薯可提高人体对米粉等谷类食物营养的利用率。薯类食物含有 25% 左右的碳水化合物，可视为主食，与米粉搭配时，米粉可减量，但肉蛋类食物的量不要减。

第4周 周一至周三	
早上7点	母乳和/或配方奶
上午10点	母乳和/或配方奶
中午12点	母乳和/或配方奶+辅食：米粉和猪肝泥（新添加）
下午3点	母乳和/或配方奶
下午6点	母乳和/或配方奶
晚上9点	母乳和/或配方奶
第4周 周四至周六	
早上7点	母乳和/或配方奶
上午10点	母乳和/或配方奶
中午12点	母乳和/或配方奶+辅食：米粉和蒸梨（新添加，也可以是苹果泥、红枣泥）
下午3点	母乳和/或配方奶
下午6点	母乳和/或配方奶
晚上9点	母乳和/或配方奶
第4周 周日	
早上7点	母乳和/或配方奶
上午10点	母乳和/或配方奶
中午12点	辅食：米粉+红薯蛋黄泥（可以是胡萝卜猪肉泥）
下午3点	母乳和/或配方奶
下午6点	母乳和/或配方奶
晚上9点	母乳和/或配方奶

到这周末，宝宝添加辅食已经1个月了，辅食可以单独成为一餐，代替1次奶了。肉泥的添加量争取能达到每日50克，蛋黄争取能加到1个，肝泥添加成功后每周只添加1次即可。蔬菜和水果只是少量尝试，不要影响奶、米粉和肉蛋类食物的摄入。

4 夏季 4 周营养配餐举例

第 1 周 周一至周三	
早上 7 点	母乳和 / 或配方奶
上午 10 点	母乳和 / 或配方奶
中午 12 点	母乳和 / 或配方奶 + 辅食：强化铁的婴儿米粉（新添加，从 1 ～ 2 小勺开始，连续添加 3 天）
下午 3 点	母乳和 / 或配方奶
下午 6 点	母乳和 / 或配方奶
晚上 9 点	母乳和 / 或配方奶
第 1 周 周四至周六	
早上 7 点	母乳和 / 或配方奶
上午 10 点	母乳和 / 或配方奶
中午 12 点	母乳和 / 或配方奶 + 辅食：蛋黄泥（新添加，从 1/4 个蛋黄开始，连续添加 3 天）
下午 3 点	母乳和 / 或配方奶
下午 6 点	母乳和 / 或配方奶
晚上 9 点	母乳和 / 或配方奶
第 1 周 周日	
早上 7 点	母乳和 / 或配方奶
上午 10 点	母乳和 / 或配方奶
中午 12 点	母乳和 / 或配方奶 + 辅食：米粉和蛋黄泥
下午 3 点	母乳和 / 或配方奶
下午 6 点	母乳和 / 或配方奶
晚上 9 点	母乳和 / 或配方奶

第 2 周　周一至周三	
早上 7 点	母乳和 / 或配方奶
上午 10 点	母乳和 / 或配方奶
中午 12 点	母乳和 / 或配方奶 + 辅食：米粉和猪肉泥（新添加，从 1 ～ 2 小勺开始，连续添加 3 天）
下午 3 点	母乳和 / 或配方奶
下午 6 点	母乳和 / 或配方奶
晚上 9 点	母乳和 / 或配方奶
第 2 周　周四至周六	
早上 7 点	母乳和 / 或配方奶
上午 10 点	母乳和 / 或配方奶
中午 12 点	母乳和 / 或配方奶 + 辅食：米粉和冬瓜泥（新添加，也可以是胡萝卜泥、南瓜泥，从 1 ～ 2 小勺开始，连续添加 3 天）
下午 3 点	母乳和 / 或配方奶
下午 6 点	母乳和 / 或配方奶
晚上 9 点	母乳和 / 或配方奶
第 2 周　周日	
早上 7 点	母乳和 / 或配方奶
上午 10 点	母乳和 / 或配方奶
中午 12 点	母乳和 / 或配方奶 + 辅食：米粉和蛋黄泥
下午 3 点	母乳和 / 或配方奶
下午 6 点	母乳和 / 或配方奶
晚上 9 点	母乳和 / 或配方奶

到第 2 周结束时，接受速度快的宝宝已经添加了 4 种食物了。如果宝宝接受速度慢，这周可以只引入肉泥。米粉应该每日添加，其他食物可与米粉进行多种组合。像胡萝卜蛋黄泥或胡萝卜肉泥这类肉蛋菜混合的食物，应以肉蛋为主、菜为辅。

第 3 周 周一至周三	
早上 7 点	母乳和 / 或配方奶
上午 10 点	母乳和 / 或配方奶
中午 12 点	母乳和 / 或配方奶 + 辅食：米粉和山药泥（新添加，也可以是土豆泥）
下午 3 点	母乳和 / 或配方奶
下午 6 点	母乳和 / 或配方奶
晚上 9 点	母乳和 / 或配方奶
第 3 周 周四至周五	
早上 7 点	母乳和 / 或配方奶
上午 10 点	母乳和 / 或配方奶
中午 12 点	母乳和 / 或配方奶 + 辅食：米粉和冬瓜猪肉泥
下午 3 点	母乳和 / 或配方奶
下午 6 点	母乳和 / 或配方奶
晚上 9 点	母乳和 / 或配方奶
第 3 周 周六至周日	
早上 7 点	母乳和 / 或配方奶
上午 10 点	母乳和 / 或配方奶
中午 12 点	母乳和 / 或配方奶 + 辅食：米粉 + 油菜泥（新添加，也可以是其他应季绿叶菜）
下午 3 点	母乳和 / 或配方奶
下午 6 点	母乳和 / 或配方奶
晚上 9 点	母乳和 / 或配方奶

山药等薯类食物含有 25% 左右的碳水化合物，可视为主食，与米粉搭配时，米粉可减量，但肉蛋类食物的量不要减。

第 4 周 周一至周三	
早上 7 点	母乳和 / 或配方奶
上午 10 点	母乳和 / 或配方奶
中午 12 点	母乳和 / 或配方奶 + 辅食：米粉和猪肝泥（新添加）
下午 3 点	母乳和 / 或配方奶
下午 6 点	母乳和 / 或配方奶
晚上 9 点	母乳和 / 或配方奶
第 4 周 周四至周六	
早上 7 点	母乳和 / 或配方奶
上午 10 点	母乳和 / 或配方奶
中午 12 点	母乳和 / 或配方奶 + 辅食：米粉和西瓜汁（新添加，也可以是葡萄汁）
下午 3 点	母乳和 / 或配方奶
下午 6 点	母乳和 / 或配方奶
晚上 9 点	母乳和 / 或配方奶
第 4 周 周日	
早上 7 点	母乳和 / 或配方奶
上午 10 点	母乳和 / 或配方奶
中午 12 点	辅食：米粉 + 山药蛋黄泥（可以是油菜猪肉泥）
下午 3 点	母乳和 / 或配方奶
下午 6 点	母乳和 / 或配方奶
晚上 9 点	母乳和 / 或配方奶

到这周末，宝宝添加辅食已经1个月了，辅食可以单独成为一餐，代替1次奶了。肉泥的添加量争取能达到每日50克，蛋黄争取能加到1个，肝泥添加成功后每周只添加1次即可。蔬菜和水果只是少量尝试，不要影响奶、米粉和肉蛋类食物的摄入。

5 秋季 4 周营养配餐举例

第 1 周 周一至周三	
早上 7 点	母乳和 / 或配方奶
上午 10 点	母乳和 / 或配方奶
中午 12 点	母乳和 / 或配方奶 + 辅食：强化铁的婴儿米粉（新添加，从 1 ~ 2 小勺开始，连续添加 3 天）
下午 3 点	母乳和 / 或配方奶
下午 6 点	母乳和 / 或配方奶
晚上 9 点	母乳和 / 或配方奶
第 1 周 周四至周六	
早上 7 点	母乳和 / 或配方奶
上午 10 点	母乳和 / 或配方奶
中午 12 点	母乳和 / 或配方奶 + 辅食：蛋黄泥（新添加，从 1/4 个蛋黄开始，连续添加 3 天）
下午 3 点	母乳和 / 或配方奶
下午 6 点	母乳和 / 或配方奶
晚上 9 点	母乳和 / 或配方奶
第 1 周 周日	
早上 7 点	母乳和 / 或配方奶
上午 10 点	母乳和 / 或配方奶
中午 12 点	母乳和 / 或配方奶 + 辅食：米粉和蛋黄泥
下午 3 点	母乳和 / 或配方奶
下午 6 点	母乳和 / 或配方奶
晚上 9 点	母乳和 / 或配方奶

第 2 周 周一至周三	
早上 7 点	母乳和 / 或配方奶
上午 10 点	母乳和 / 或配方奶
中午 12 点	母乳和 / 或配方奶 + 辅食：米粉和猪肉泥（新添加，从 1 ~ 2 小勺开始，连续添加 3 天）
下午 3 点	母乳和 / 或配方奶
下午 6 点	母乳和 / 或配方奶
晚上 9 点	母乳和 / 或配方奶
第 2 周 周四至周六	
早上 7 点	母乳和 / 或配方奶
上午 10 点	母乳和 / 或配方奶
中午 12 点	母乳和 / 或配方奶 + 辅食：米粉和南瓜泥（新添加，也可以是胡萝卜泥，从 1 ~ 2 小勺开始，连续添加 3 天）
下午 3 点	母乳和 / 或配方奶
下午 6 点	母乳和 / 或配方奶
晚上 9 点	母乳和 / 或配方奶
第 2 周 周日	
早上 7 点	母乳和 / 或配方奶
上午 10 点	母乳和 / 或配方奶
中午 12 点	母乳和 / 或配方奶 + 辅食：米粉和蛋黄泥
下午 3 点	母乳和 / 或配方奶
下午 6 点	母乳和 / 或配方奶
晚上 9 点	母乳和 / 或配方奶

到第2周结束时，接受速度快的宝宝已经添加了4种食物了。如果宝宝接受速度慢，这周可以只引入肉泥。米粉应该每日添加，其他食物可与米粉进行多种组合。像胡萝卜蛋黄泥或胡萝卜肉泥这类肉蛋菜混合的食物，应以肉蛋为主、菜为辅。

第 3 周 周一至周三	
早上 7 点	母乳和 / 或配方奶
上午 10 点	母乳和 / 或配方奶
中午 12 点	母乳和 / 或配方奶 + 辅食：米粉和山药泥（新添加，也可以是红薯泥、土豆泥）
下午 3 点	母乳和 / 或配方奶
下午 6 点	母乳和 / 或配方奶
晚上 9 点	母乳和 / 或配方奶
第 3 周 周四至周五	
早上 7 点	母乳和 / 或配方奶
上午 10 点	母乳和 / 或配方奶
中午 12 点	母乳和 / 或配方奶 + 辅食：米粉和南瓜蛋黄泥（也可以是猪肉泥）
下午 3 点	母乳和 / 或配方奶
下午 6 点	母乳和 / 或配方奶
晚上 9 点	母乳和 / 或配方奶
第 3 周 周六至周日	
早上 7 点	母乳和 / 或配方奶
上午 10 点	母乳和 / 或配方奶
中午 12 点	母乳和 / 或配方奶 + 辅食：米粉 + 西蓝花泥（新添加，也可以是其他应季绿叶菜）
下午 3 点	母乳和 / 或配方奶
下午 6 点	母乳和 / 或配方奶
晚上 9 点	母乳和 / 或配方奶

山药等薯类食物含有25%左右的碳水化合物，可视为主食，与米粉搭配时，米粉可减量，但肉蛋类食物的量不要减。

第 4 周 周一至周三	
早上 7 点	母乳和 / 或配方奶
上午 10 点	母乳和 / 或配方奶
中午 12 点	母乳和 / 或配方奶 + 辅食：米粉和猪肝泥（新添加）
下午 3 点	母乳和 / 或配方奶
下午 6 点	母乳和 / 或配方奶
晚上 9 点	母乳和 / 或配方奶
第 4 周 周四至周六	
早上 7 点	母乳和 / 或配方奶
上午 10 点	母乳和 / 或配方奶
中午 12 点	母乳和 / 或配方奶 + 辅食：米粉和苹果泥（新添加，也可以是香蕉泥等其他应季水果）
下午 3 点	母乳和 / 或配方奶
下午 6 点	母乳和 / 或配方奶
晚上 9 点	母乳和 / 或配方奶
第 4 周 周日	
早上 7 点	母乳和 / 或配方奶
上午 10 点	母乳和 / 或配方奶
中午 12 点	辅食：米粉 + 山药蛋黄泥（可以是西蓝花猪肉泥）
下午 3 点	母乳和 / 或配方奶
下午 6 点	母乳和 / 或配方奶
晚上 9 点	母乳和 / 或配方奶

到这周末，宝宝添加辅食已经1个月了，辅食可以单独成为一餐，代替1次奶了。肉泥的添加量争取能达到每日50克，蛋黄争取能加到1个，肝泥添加成功后每周只添加1次即可。蔬菜和水果只是少量尝试，不要影响奶、米粉和肉蛋类食物的摄入。

6 冬季4周营养配餐举例

第1周 周一至周三	
早上7点	母乳和/或配方奶
上午10点	母乳和/或配方奶
中午12点	母乳和/或配方奶+辅食：强化铁的婴儿米粉（新添加，从1～2小勺开始，连续添加3天）
下午3点	母乳和/或配方奶
下午6点	母乳和/或配方奶
晚上9点	母乳和/或配方奶
第1周 周四至周六	
早上7点	母乳和/或配方奶
上午10点	母乳和/或配方奶
中午12点	母乳和/或配方奶+辅食：蛋黄泥（新添加，从1/4个蛋黄开始，连续添加3天）
下午3点	母乳和/或配方奶
下午6点	母乳和/或配方奶
晚上9点	母乳和/或配方奶
第1周 周日	
早上7点	母乳和/或配方奶
上午10点	母乳和/或配方奶
中午12点	母乳和/或配方奶+辅食：米粉和蛋黄泥
下午3点	母乳和/或配方奶
下午6点	母乳和/或配方奶
晚上9点	母乳和/或配方奶

第 2 周 周一至周三	
早上 7 点	母乳和 / 或配方奶
上午 10 点	母乳和 / 或配方奶
中午 12 点	母乳和 / 或配方奶 + 辅食：米粉和猪肉泥（新添加，从 1 ～ 2 小勺开始，连续添加 3 天）
下午 3 点	母乳和 / 或配方奶
下午 6 点	母乳和 / 或配方奶
晚上 9 点	母乳和 / 或配方奶
第 2 周 周四至周六	
早上 7 点	母乳和 / 或配方奶
上午 10 点	母乳和 / 或配方奶
中午 12 点	母乳和 / 或配方奶 + 辅食：米粉和胡萝卜泥（新添加，也可以是南瓜泥，从 1 ～ 2 小勺开始，连续添加 3 天）
下午 3 点	母乳和 / 或配方奶
下午 6 点	母乳和 / 或配方奶
晚上 9 点	母乳和 / 或配方奶
第 2 周 周日	
早上 7 点	母乳和 / 或配方奶
上午 10 点	母乳和 / 或配方奶
中午 12 点	母乳和 / 或配方奶 + 辅食：米粉和蛋黄泥
下午 3 点	母乳和 / 或配方奶
下午 6 点	母乳和 / 或配方奶
晚上 9 点	母乳和 / 或配方奶

到第 2 周结束时，接受速度快的宝宝已经添加了 4 种食物了。如果宝宝接受速度慢，这周可以只引入肉泥。米粉应该每日添加，其他食物可与米粉进行多种组合。像胡萝卜蛋黄泥或胡萝卜肉泥这类肉蛋菜混合的食物，应以肉蛋为主、菜为辅。

第 3 周　周一至周三	
早上 7 点	母乳和 / 或配方奶
上午 10 点	母乳和 / 或配方奶
中午 12 点	母乳和 / 或配方奶 + 辅食：米粉和土豆泥（新添加，也可以是红薯泥、山药泥）
下午 3 点	母乳和 / 或配方奶
下午 6 点	母乳和 / 或配方奶
晚上 9 点	母乳和 / 或配方奶
第 3 周　周四至周五	
早上 7 点	母乳和 / 或配方奶
上午 10 点	母乳和 / 或配方奶
中午 12 点	母乳和 / 或配方奶 + 辅食：米粉和胡萝卜蛋黄泥（也可以是胡萝卜猪肉泥）
下午 3 点	母乳和 / 或配方奶
下午 6 点	母乳和 / 或配方奶
晚上 9 点	母乳和 / 或配方奶
第 3 周　周六至周日	
早上 7 点	母乳和 / 或配方奶
上午 10 点	母乳和 / 或配方奶
中午 12 点	母乳和 / 或配方奶 + 辅食：米粉 + 小白菜泥（新添加，也可以是其他应季绿叶菜）
下午 3 点	母乳和 / 或配方奶
下午 6 点	母乳和 / 或配方奶
晚上 9 点	母乳和 / 或配方奶

山药等薯类食物含有 25% 左右的碳水化合物，可视为主食，与米粉搭配时，米粉可减量，但肉蛋类食物的量不要减。

第 4 周 周一至周三	
早上 7 点	母乳和 / 或配方奶
上午 10 点	母乳和 / 或配方奶
中午 12 点	母乳和 / 或配方奶 + 辅食：米粉和猪肝泥（新添加）
下午 3 点	母乳和 / 或配方奶
下午 6 点	母乳和 / 或配方奶
晚上 9 点	母乳和 / 或配方奶
第 4 周 周四至周六	
早上 7 点	母乳和 / 或配方奶
上午 10 点	母乳和 / 或配方奶
中午 12 点	母乳和 / 或配方奶 + 辅食：米粉和香蕉泥（新添加，也可以是苹果泥等其他应季水果）
下午 3 点	母乳和 / 或配方奶
下午 6 点	母乳和 / 或配方奶
晚上 9 点	母乳和 / 或配方奶
第 4 周 周日	
早上 7 点	母乳和 / 或配方奶
上午 10 点	母乳和 / 或配方奶
中午 12 点	辅食：米粉 + 土豆蛋黄泥（可以是小白菜猪肉泥）
下午 3 点	母乳和 / 或配方奶
下午 6 点	母乳和 / 或配方奶
晚上 9 点	母乳和 / 或配方奶

到这周末，宝宝添加辅食已经 1 个月了，辅食可以单独成为一餐，代替 1 次奶了。肉泥的添加量争取能达到每日 50 克，蛋黄争取能加到 1 个，肝泥添加成功后每周只添加 1 次即可。蔬菜和水果只是少量尝试，不要影响奶、米粉和肉蛋类食物的摄入。

第3章

辅食添加第2阶（7～9月龄）

锻炼宝宝的咀嚼能力

这一阶段宝宝开始学习爬行了，活动量日益增大，热量需要大大增加，辅食添加显得越来越重要。应逐渐增加辅食的种类和数量，特别是要增加富含钙、钾、镁、铁、锌等矿物质的食物，使辅食取代一顿奶而成为独立的一餐，在营养补充方面发挥更重要的作用。

八九个月的宝宝开始有自己吃的愿望，总想用手去抓食物或妈妈手中的勺子。不要因为怕不卫生或宝宝自己不会吃而阻止宝宝，而应该给宝宝提供锻炼的机会。

第1节 7~9月龄宝宝的生长发育

体格生长速度相对前几个月继续减慢，但运动发育迅速，进入学爬的关键期。

1 体格发育

体重平均每月增加 300 ~ 400 克，身长平均每月增长 1.5 厘米左右。纯母乳喂养的宝宝身长和体重测量值可参考《世界卫生组织儿童生长标准（2006 年）》（见书后附录）。混合喂养和人工喂养的宝宝，身长和体重测量值可参考我国卫生部 2009 年发布的《儿童生长发育参照标准》（见书后附录）。

 感知觉发育

开始出现深度视觉，能看到小物体。

周围环境中新鲜及鲜艳明亮的活动物会引起宝宝的注意。

能较长时间地看 3 ~ 3.5 米内的人物活动。

拿到东西后会翻来翻去地看，摸摸、摇摇，表现出积极的感知倾向。

3 运动发育

7月龄 可主动从俯卧位翻到仰卧位，或从仰卧位回到俯卧位；俯卧位可用手支撑胸腹，使上身离开床面或桌面，有的可在原地打转。手眼已相当协调，喜欢玩拍手游戏，能做抓、拿、放、捏、拍、打等动作。

8月龄 能坐得很稳，并能左右转身；俯卧位可用双上肢及双膝向前爬，爬时上下肢可能不协调；可扶站片刻。会用拇指和食指捏取小东西，会将手指放进小孔中，会把玩具放入容器并取出。

9月龄 开始扶物迈步，但不鼓励宝宝过早学走路，这一阶段还是要以学爬为主，要让宝宝多爬。爬行可以增强宝宝手、足、胸、腹、腰、背、四肢肌肉的力量，锻炼身体的协调性，增强小脑的平衡与反应能力，促进脑发育。婴儿期缺少爬行训练的孩子，长大后容易出现感觉统合失调、注意力不集中、多动等问题，还可能出现阅读障碍。

4 语言发育

6~8月龄 经过反复感知，7～8月龄时，婴儿只要听到这个词音就能引起相应的反应，如听见问“灯呢”，婴儿会用眼睛去寻找，并伸手指灯；听见说“妈妈抱”，就会立即张开双臂朝向妈妈。但这还是婴儿对词的声音引起的反应，而不是对词义的反应。因此，对于相似的词音都会引起同样的反应。如问他“帽帽呢”，他可能用手指玩具猫猫。

9月龄 开始在听懂词音的基础上逐渐懂得了一些简单的词义，如以前听见说“再见”的词音时是被动地由成人把着他的手挥动，而现在听见说“再见”时能主动地向人挥手，开始对词义产生反应。

温馨提示

此时婴儿对词的抽象理解还停留在对应具体某物的阶段，如“灯”就是他屋里的那盏灯，一旦换了个地方婴儿就不知道了。

第 2 节 7~9月龄辅食添加要点

这一阶段要注意产能营养素的足量供应，还要多摄入有助于牙齿萌出的营养素。

1 7~9 月龄宝宝的营养需求

这一阶段宝宝开始学习爬行了，活动量日益增大，能量需要大大增加，要注意碳水化合物、脂肪等产能营养素的足量供应。谷类和薯类食物是碳水化合物的主要来源，部分蔬菜和水果中也含有一定量的碳水化合物。

从 8 月龄开始，大多数宝宝都逐渐长出牙齿来了。蛋白质、钙、磷是牙齿的基础材料，维生素 A、维生素 D、维生素 C 是构成牙釉质、促进牙齿钙化、增强牙齿骨密度的重要物质，镁可改善骨的矿物质密度，促进牙齿生长，适量的氟可以增加乳牙的坚硬度，使乳牙不受腐蚀，不易发生龋齿。缺少以上营养素可使宝宝出牙延迟、牙齿发育不良（如牙齿小、坚硬度差、牙间距大）、牙龈水肿出血等，这一阶段要重点关注以上营养素的摄入。

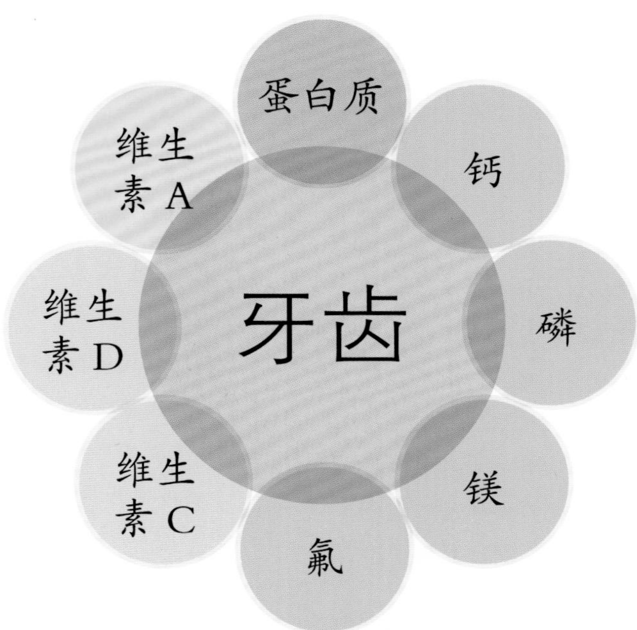

2 7~9月龄添加辅食的目的

虽然母乳或配方奶仍然是宝宝主要的营养来源，但这一阶段辅食添加显得越来越重要，应逐渐增加辅食的种类和数量，特别是要增加富含钙、钾、镁、铁、锌等矿物质的食物，使辅食取代1～2顿奶而成为独立的1～2餐，在营养补充方面发挥更重要的作用。

7～9月龄的宝宝进入了食物质地敏感期，而且逐渐开始长牙，牙龈有痒痛的感觉，所以特别喜欢吃稍微有点颗粒、粗糙一点的辅食，应逐渐改变食物的质感和颗粒的大小，逐渐从泥糊状食物向半固体食物过渡，既可以缓解出牙的不适，又可以帮助出牙。

3 7~9月龄宝宝吃的本领

这一阶段宝宝的舌头不仅可以前后运动，而且可以上下运动了，闭着嘴靠舌头的蠕动和上腭可以将软软的颗粒状食物和碎末状食物碾碎，搅成泥糊状后吞咽。此阶段宝宝的食物不可太碎，以利于学习咀嚼、增强吞咽功能和舌头灵活性及舌的搅拌功能的完善。

八九个月的宝宝，你在喂他吃饭时，他很可能会伸手去抓你手中的勺子，甚至用手去抓食物，这说明宝宝想要自己吃饭了！应该鼓励宝宝自己动手吃。为宝宝准备一些可以用手抓着吃的食物，比如黄瓜条、长条饼干等。当宝宝能准确地用手将食物放入嘴里时，就可以开始训练宝宝使用餐具了，多数宝宝在1岁半时学会自己用勺子吃饭。需要注意的是，从安全的角度考虑，宝宝1岁以后再让他练习使用叉子。

4 7~9月龄可添加的食物

❶ 更多谷类和蔬菜水果类食物

第1阶段，我们推荐了1段婴儿米粉、大米、小米、玉米面等谷类食物，这一阶段1段婴儿米粉可以换成2段婴儿米粉了，还可以为宝宝添加婴儿面条、燕麦片等麦类食物，以及绿豆、红小豆等干豆类食物。

蔬菜水果的品种也更加丰富，新添加了豌豆尖、黄瓜、盖菜、木耳菜、紫苋菜、荠菜、香菜、百合、黑木耳、紫菜、干香菇等蔬菜，和红果、草莓、木瓜、柠檬、樱桃、猕猴桃、桂圆、荔枝、芒果、枇杷等水果。

温馨提示

谷类食物的添加量增加后，要注意钙剂的适量补充，因为谷物中的钙磷比例不太适合宝宝。

② 大豆类食物的佼佼者：豆腐

大豆类食物，如黄豆、黑豆和青豆，含有丰富的植物蛋白，其营养价值与肉类接近。而且大豆富含谷类食物较为缺乏的赖氨酸，与谷类搭配食用，能提高蛋白质的营养价值。大豆不仅脂肪含量高，而且以不饱和脂肪酸为主，不含胆固醇，营养价值高于肉类脂肪。大豆类食物还含有丰富的钙，一般来说150克豆腐所含有的钙大致与250克牛奶相当。B族维生素的含量也很丰富，特别是维生素B_2的含量比较多。此外，大豆还含有低聚糖、膳食纤维等保健成分。本阶段推荐的大豆制品是豆腐。

③ 更丰富的动物性食物

动物性食物是优质蛋白质、脂类、维生素A、B族维生素、铁、锌、钾、镁等营养素的良好来源，是平衡膳食的重要组成部分。前一阶段引入了蛋黄泥、肉泥、肝泥，这一阶段可以引入更丰富的动物性食物。

全蛋 若宝宝已经添加了蛋黄，没有引起不适，这一阶段可以尝试吃全蛋。

温馨提示

蛋类的铁含量虽然比较多，但因有卵黄高磷蛋白的干扰，其吸收率只有3%。

鱼肉和虾肉 鱼肉是优质蛋白质，而且蛋白质组成非常适合宝宝发育。应该首选海鱼，海鱼污染比较少，尤其是生活在深海里的鱼，被污染的机会比较小，比如说金枪鱼，大约生活在100米深的海水里，肉质细腻、鲜嫩，同时含有大量的不饱和脂肪酸。如果愿意选择河鱼也可以。河鱼要吃刺少的鱼，有的鱼刺非常多，而且特别细小，万一卡在宝宝嗓子里很危险。如果给宝宝吃的鱼刺多，最好两个人挑，一个人挑完另一个人再检查一遍，千万别出现意外。对过敏体质的宝宝而言，海鲜类的食物要谨慎添加，甲壳类食物（例如虾仁、螃蟹等）建议1岁以后再吃。

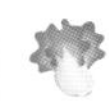

红肉和白肉 红肉即猪肉、牛肉、羊肉等畜肉，白肉即鸡、鸭、鹅等禽肉。猪肉，我个人主张给宝宝吃小里脊肉。小里脊一个是蛋白质比较好，再一个含有的饱和脂肪酸比较少。虽然宝宝的生长发育也需要饱和脂肪酸，尤其是大脑发育需要饱和脂肪酸，但如果我们给宝宝吃的肥肉太多，饱和脂肪酸过量，对宝宝将来的生长发育不好，比如容易出现肥胖儿。瘦肉里边还含有较多的铁和锌，是非常好的。牛肉、羊肉都可以吃，一般认为羊肉偏热，所以少吃一点儿。牛肉和羊肉也是要多吃瘦肉、少吃肥肉。从营养全面的角度来说，红肉、白肉都要吃，要根据宝宝的不同年龄来选择，同时也要注意量的掌握。每次添加1种，从1 ~ 2小匙开始，观察3 ~ 5天，如果宝宝没有过敏或消化不良等症状再添加第二种。

动物血 这一阶段我们还推荐了血豆腐等食物，这类食物要不要给宝宝吃、吃多少合适，即使是营养专家也有不同的观点。含铁丰富是这类食物的优点，但挑选不当或处理不当有可能存在食品安全隐患。我们的建议是挑选合格食品，每周只添加1次。

❹ 食用油和富含植物油的坚果

9月龄的宝宝可以开始添加植物油了。少量摄入植物油或芝麻（如纯芝麻酱）、花生等富含植物油的食物有助于脂溶性维生素的吸收。只是芝麻、花生等不能单独食用，建议碾成末儿加入粥中，同时注意有无过敏情况出现。

营养点评

改变食物性状时要注意观察宝宝的大便，如果出现腹泻则说明宝宝对食物的性状不接受，出现了消化不良，应该停止添加新性状的食物。可以待宝宝大便情况正常后，少量添加一些新性状的食物，或者把食物做得再细软一些。

5 7~9 月龄每日添加次数

虽然和前一阶段相比，每天的喝奶量减少了 200 毫升，但奶仍然是宝宝营养的主要来源，宝宝每日 60% ~ 70% 的营养需求是由奶提供的。每日母乳或配方奶的摄入量不应低于 600 毫升。每天可安排 4 ~ 5 次奶、1 ~ 2 餐辅食。

这里列出的添加时间只是一个参考，你可以根据自家宝宝的生活规律有所变化，只要添加次数和添加量达标就可以。

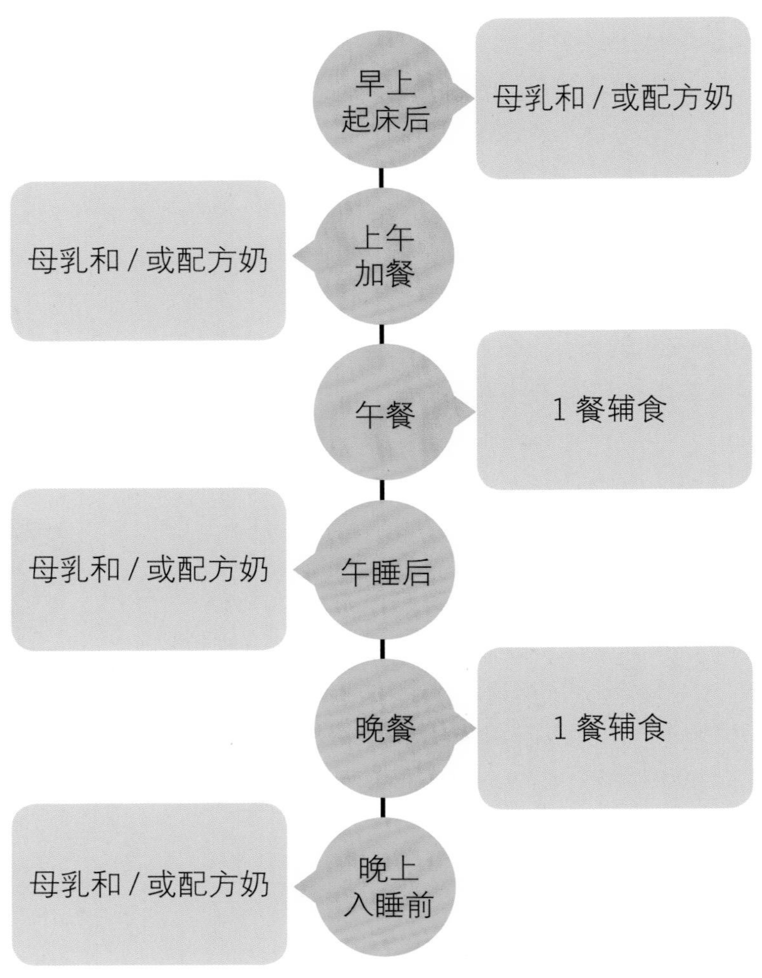

这个阶段，有的宝宝可能会表现得不那么爱吃辅食了，这主要是因为此时宝宝的生长速度逐渐平缓，而且对外界有很强的好奇心，容易被其他事物所吸引。妈妈不要着急，多注意一些喂养技巧，比如变换花样、注意辅食的颜色和形状、鼓励宝宝自己吃等，宝宝一定会重新爱上辅食的。即使不如前一阶段吃得好也没关系，能吃多少吃多少，相信宝宝自己会调整，强迫宝宝进食反而会造成宝宝厌食、偏食。每个宝宝的吸收能力、活动量、生长发育特点均不同，不要彼此之间进行比较。只要宝宝的生长发育曲线正常，就不必强求他一定要吃够多少量。

第 3 节 好做又美味的营养粥（面）

这一阶段，宝宝能吃更多营养美味的粥、面等主食了。给宝宝做粥、面一定要稠烂些，这样才能既保证营养供给又利于消化吸收。

1.【均衡营养】

2段婴儿米粉

适用月龄 7 月龄以上。

所需食材 2 段婴儿米粉，水适量。

制作方法

❶ 按米粉包装上的说明取适量米粉，向米粉中倒入温开水，边倒边搅拌，使米粉与水充分接触。

❷ 放置 30 秒，使米粉充分吸收水分，然后再单方向匀速搅拌 1 分钟，将米粉调成糊状。

❸ 放置到适宜温度，用小勺喂食。

营养点评 2段婴儿米粉产品非常多，不仅有米粉，还有燕麦粉、大麦粉等；除了单一谷物制成的，还有几种谷物混合的。一般都会强化钙、铁、锌等营养素，有的还会添加 DHA 或益生元，或者采取米粉 + 蔬菜 + 水果或米粉 + 蔬菜 + 肉类食物（或动物肝脏）的配方，可根据宝宝的具体情况选择合适的产品。

2.【增智健骨】

牛奶燕麦粥

适用月龄 7 月龄以上。

所需食材 燕麦片 35 克（1 小袋），配方奶及水适量。

制作方法

❶ 锅内放少许水煮开。

❷ 放入燕麦片煮至软烂。

❸ 放入调好的配方奶，用小勺喂宝宝吃。我们建议的食材量是 1 小袋包装的标准量，并不是宝宝的饮食量。

营养点评 燕麦又称“莜麦”，是一种低糖、高营养、高能量食物。燕麦片不仅含有丰富的碳水化合物，而且含有丰富的植物蛋白，人体必需的 8 种氨基酸的含量都很高，特别是具有增智与健骨功能的赖氨酸的含量是大米和小麦的两倍以上。此外，燕麦片的脂肪含量也很高，尤其是必需脂肪酸中的亚油酸，有益于宝宝的生长发育。

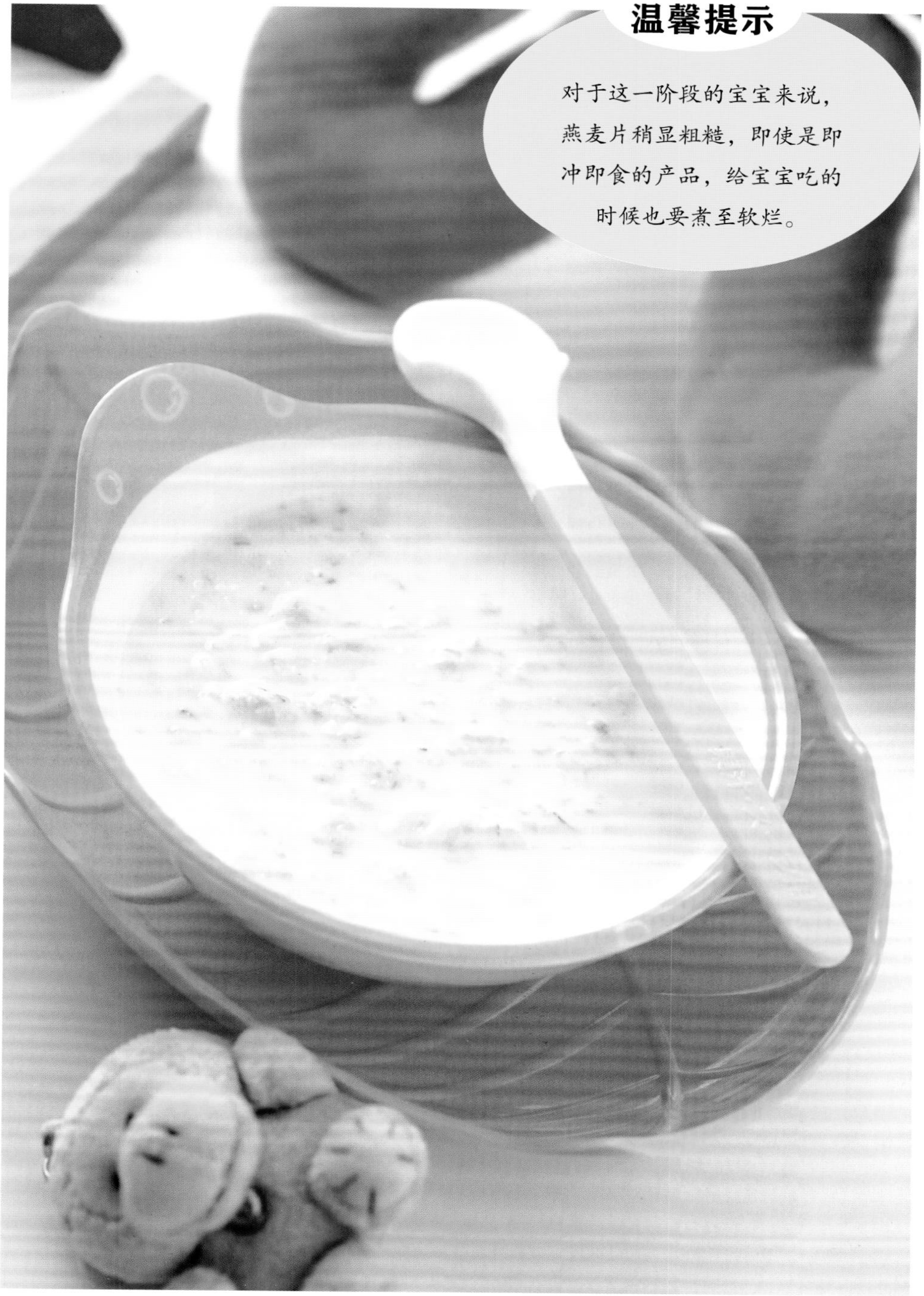

温馨提示

对于这一阶段的宝宝来说，燕麦片稍显粗糙，即使是即冲即食的产品，给宝宝吃的时候也要煮至软烂。

3.【补铁益智】

枣泥二米粥

适用月龄 7月龄以上。

所需食材 大米和小米正常煮粥量（按2：1的比例搭配），干品大红枣3～5枚，3倍水。

制作方法

❶ 先将干品大红枣泡软，上锅蒸熟，同时把二米粥煮好。

❷ 放温后剥去枣皮，去掉枣核，将枣肉用小勺碾成枣泥。

❸ 加入二米粥中，调匀喂宝宝吃。

营养点评 枣泥二米粥由前一阶段的二米粥发展而来，既可补血又可补气。

4.【增强免疫力】

山药粥

适用月龄 7月龄以上。

所需食材 大米或小米正常煮粥量，山药长10厘米，3倍水。

制作方法

❶ 将山药洗净、去皮，切成小方块儿。

❷ 与大米或小米一起煮成粥，将山药块儿用勺碾碎，调匀喂宝宝吃。

营养点评 山药粥能增强人体的免疫功能、促进血液循环、加快胃肠蠕动，还可预防便秘。还可以加入南瓜一起煮成粥，营养更丰富。

5.【消积化食】

适用月龄 7月龄以上。

所需食材 大米正常煮粥量（或小米、玉米楂等中的一两种），小芋头1个，3倍水。

制作方法

❶ 将芋头洗净、去皮，切成小块儿。

❷ 与大米（或小米、玉米楂等中的一两种）一起煮成粥。

营养点评 芋头既是蔬菜又是粮食，其所含碳水化合物易于消化吸收。芋头还具有洁齿防龋、保护牙齿的作用，非常适合处于长牙期的宝宝。

妙厨魔法

芋头的皮削厚一点儿口感才不会外硬内软。芋头熟软后比较容易糊，可以单独蒸熟再放入粥内。

6.【通便排毒】

红薯玉米粥

适用月龄 7月龄以上。

所需食材 细玉米楂正常煮粥量，大小适中的红薯1/2个，3倍水。

制作方法

❶ 将红薯洗净、去皮，切成小块儿。

❷ 与玉米楂一起煮熟即可食用。喂宝宝吃时要把红薯块儿用勺子碾碎。

营养点评 红薯和谷类食物搭配，可弥补谷类食物中缺少的胡萝卜素、维生素C和叶酸，而且会使米粥更黏稠、更香甜。给宝宝适当吃些红薯粥有利于改善营养，可促进生长、增强体质。红薯粥还有健脾养胃、通便排毒的作用，对婴儿便秘和疳积也有疗效。

7.【化痰止咳】

桂花红薯粥

适用月龄 7月龄以上。

所需食材 大米(或小米)正常煮粥量，大小适中的红薯1/2个，糖腌桂花少许，3倍水。

制作方法

❶ 将红薯洗净、去皮，切成小块儿(或土豆块儿、南瓜块儿、山药块儿等)。

❷ 将红薯块儿(或土豆块儿、南瓜块儿、山药块儿等)放入已放好大米(或小米)的粥锅中，加入适量水煮熟。

❸ 加入一点点糖腌桂花(最好自制)，调匀，温凉后喂宝宝。喂宝宝吃时要把红薯块儿(或土豆块儿、南瓜块儿、山药块儿等)用勺子碾碎。

糖腌桂花虽然在超市中可以买到，但一般在制作过程中都会加入盐等调味剂或其他添加剂，并不适合宝宝食用。妈妈们可以自己在家做，方法很简单：

❶ 将新鲜的桂花或干桂花用水发开后剁碎备用。

❷ 清水中加糖，用中大火溶解。

❸ 水开后转小火并加入桂花，熬为糖浆即成。如果太稀可多熬煮一会儿或加少许麦芽糖调节。

8.【维生素C之王】

紫薯猕猴桃粥

适用月龄 7月龄以上。

所需食材 小米正常煮粥量，大小适中的紫薯1/2个，中华猕猴桃1/2个，3倍水。

制作方法

1. 将紫薯洗净、去皮，切成小块儿。
2. 将小米淘洗两遍，放入紫薯块儿，煮至黏稠状。
3. 将猕猴桃去皮，切碎，撒在米粥上。喂宝宝吃时要把紫薯块儿用勺子碾碎。

营养点评 猕猴桃是这个阶段新添加的食物。猕猴桃被誉为“水果维生素C之王”，每100克猕猴桃维生素C含量高达62毫克。中医认为猕猴桃有生津解热、调中下气、止渴利尿、滋补强身之功效，可提高免疫力、抗肿消炎。

9.【清热润肺】

荷叶粥

适用月龄 7月龄以上。

所需食材 粳米正常煮粥量，鲜荷叶1张，冰糖少许，3倍水。

制作方法

1. 将鲜荷叶洗净煎汤。
2. 粳米浸泡1小时、过水两遍。
3. 锅置灶上，放入粳米和荷叶汤，大火煮开后改为小火焖煮至粥熟。
4. 放温喂宝宝吃。

营养点评 荷叶含有荷叶碱、柠檬酸、苹果酸、葡萄糖、黄酮类，可以解热抑菌、清暑利湿；粳米含有大量的碳水化合物，米糠中含有B族维生素，故应尽量少洗几遍，以免营养过多流失。荷叶粥可清热润肺、凉血止血。

温馨提示

有媒体报道，5岁以下儿童食用奇异果过多会引起过敏反应。儿童对奇异果的不良反应包括口喉瘙痒、舌头膨胀、呼吸困难和虚脱等严重症状。因此，给宝宝添加猕猴桃后父母要仔细观察，一旦出现过敏反应应立即停止添加。有过敏家族史的宝宝，或本身是过敏体质的宝宝应该1岁以后再添加。

10.【润肺健脾】

薏米草莓粥

适用月龄 7月龄以上。

所需食材 薏米30～50克，大小适中的草莓1个，3倍水。

制作方法

1. 将薏米洗净，温水浸泡3小时后煮成软烂的薏米粥。
2. 将草莓洗净，切碎，拌入煮熟的薏米粥中。

营养点评 草莓是维生素C含量最高的水果之一，颜色鲜艳，口感爽甜，宝宝非常喜欢。薏米草莓粥可润肺健脾、消热利尿、止泻镇咳，是盛夏消暑佳品。

11.【营养宝库】

适用月龄 7月龄以上。

所需食材 大米或小米正常煮粥量(按2：1的比例搭配)，上好的干紫菜少许，3倍水。

制作方法

1. 将干紫菜搓碎，与大米或小米一起煮成粥。
2. 放温喂宝宝吃。

营养点评 中医认为紫菜味甘、性寒，可和血养心、清烦涤热、利咽喉、治咳嗽。现代医学也认为紫菜营养价值很高，富含植物蛋白质和碳水化合物、膳食纤维，并含有较多的胡萝卜素和维生素B_1、维生素B_2，特别是陆生植物中几乎没有的维生素B_{12}含量很高，与鱼肉相近。维生素B_{12}又叫“钴胺素”，参与制造骨髓红细胞，可防止恶性贫血和大脑神经受到破坏。紫菜钙、磷、钾、铁、锌、碘的含量也很高，每100克紫菜的含钙量和含铁量高达264毫克和54.9毫克，常吃紫菜可增强记忆力、促进骨骼和牙齿的生长。紫菜所含的多糖具有增强细胞免疫和体液免疫的功能，可促进淋巴细胞转化，提高免疫力。

温馨提示

干紫菜一定要搓得特别碎，煮熟喂宝宝吃的时候再仔细检查一下碎末儿的大小是否适合宝宝吞咽，否则容易造成宝宝呛咽。另外，紫菜的钠含量很高，一次不宜摄入太多。

12.【轻松吃菜】

菜末儿粥

适用月龄 7月龄以上。

所需食材 大米或小米正常煮粥量，叶类蔬菜1种，取嫩菜叶数片，3倍水。

制作方法

❶ 若选中菠菜或苋菜，应先焯后用。

❷ 将菜叶剁碎，与大米或小米一起煮成粥。

❸ 放温喂宝宝吃。

营养点评 深绿色叶菜含有丰富的维生素B_2、维生素K、维生素C、叶酸等维生素和钙、镁等矿物质，还含有一定量的胡萝卜素、维生素E，对宝宝的视觉发育和增强免疫力很有帮助。从中医角度讲，这些绿叶菜大多数都有清热解毒、明目利咽、凉血散瘀、通利肠胃的功效，对肺热咳嗽、咽喉红肿、身热口渴、食少便秘、腹胀、痢疾等有辅助治疗作用。对于不爱吃叶菜泥的宝宝来说，菜末儿粥是一个不错的选择。将菜叶剁碎，与谷类食物一起煮成粥，可以有效地保存蔬菜中的营养，同时也使米粥的颜色和口味更丰富。

第一阶段我们添加过菠菜、油菜、芥蓝、芹菜、小白菜，这一阶段可以添加盖菜、木耳菜、芹菜叶、红苋菜、荠菜。

主要营养成分一览表（每100g可食部）

营养素 食物名称	胡萝卜素（μg）	维生素E（mg）	维生素B_2（mg）	维生素C（mg）	钙（mg）	镁（mg）
盖菜	1700	0.64	0.11	72	28	18
木耳菜	2020	1.66	0.06	34	166	62
芹菜叶	2930	2.50	0.15	22	40	58
红苋菜	1490	1.54	0.10	30	178	38
荠菜	2590	1.01	0.15	43	294	37

13.【健脾和胃】

胡萝卜粥

适用月龄 7月龄以上。

所需食材 大小适中的胡萝卜1/2根，大米正常煮粥量，3倍水。

制作方法

1. 将胡萝卜洗净、去皮，切成碎末儿。
2. 将大米淘洗两遍，加5倍水煮成粥。
3. 在粥熟时加入胡萝卜末儿搅拌均匀，再用小火焖煮5 ~ 10分钟，放温喂宝宝吃。

营养点评 胡萝卜含有丰富的胡萝卜素，人体摄入后可转变成维生素A，能保护眼睛和皮肤的健康。中医认为胡萝卜粥可健脾和胃、下气化滞、明目利尿，适用于消化不良、久痢、小儿软骨病、营养不良等。

14.【补血益智】

山核桃荠菜粥

适用月龄 8月龄以上。

所需食材 大米正常煮粥量，荠菜、山核桃仁少许，3倍水。

制作方法

1. 用食物料理机将山核桃仁打碎。
2. 将荠菜洗净，切成碎末儿。
3. 大米淘洗两遍，加水煮成粥。
4. 将山核桃仁碎末儿、荠菜末儿放入米粥中，熬至黏稠即可。

营养点评 荠菜含有丰富的胡萝卜素（2590微克/100克）和维生素C（43毫克/100克），钙（294毫克/100克）和铁（5.4毫克/100克）的含量也很高，可补钙补铁、增强免疫力；山核桃富含植物蛋白质及7种以上人体必需的不饱和脂肪酸（含量高达25%以上），这些营养成分能滋养脑细胞、增强脑功能；核桃仁还含有大量维生素E，可促进宝宝的生长发育。荠菜中的维生素A原与山核桃中的油脂搭配，使维生素A更容易吸收。

15.【强壮身体】

芝麻酱粥

适用月龄 8月龄以上。

所需食材 大米和小米正常煮粥量，黑芝麻或白芝麻适量，葡萄籽油或初榨橄榄油少许，3倍水。

芝麻酱制作方法

❶ 将芝麻淘洗干净，放入锅中炒。开始的时候可以用中火，先把芝麻炒干，然后转中小火，炒到能够用手捏碎芝麻就差不多了。

❷ 将炒好的芝麻放凉后放入搅拌机中打成粉。

❸ 加入适量葡萄籽油或者初榨橄榄油，打到油和粉充分融合即可。

❹ 把芝麻酱放入玻璃容器里，放凉后放入冰箱保存。

芝麻酱粥制作方法

❶ 将大米和小米（或加玉米楂等）一起煮成粥。

❷ 用温开水调好芝麻酱。

❸ 将调好的芝麻酱撒在粥的上面，或将芝麻酱与粥调匀食用。

营养点评 芝麻含有大量的脂肪和蛋白质，还有糖类、维生素E、卵磷脂、钙、铁、镁等营养成分。每100克黑芝麻含铁约22.7毫克，对预防和纠正缺铁性贫血很有帮助；含钙量高达780毫克，对骨骼、牙齿的发育大有益处。中医认为芝麻有补血明目、祛风润肠、益肝养发、强壮身体的功效，可用于治疗身体虚弱、咳嗽、贫血萎黄、津液不足、大便燥结等症。

16.【健脑益智】

花生酱粥

适用月龄 8月龄以上。

所需食材 大米和小米正常煮粥量(按2 ：1的比例搭配)，去皮花生仁少许，色拉油适量，3倍水。

花生酱制作方法

❶ 锅置火上（中火），烧热锅。

❷ 放入油和花生仁，翻炒至大部分花生仁呈金黄色，关火。

❸ 将花生仁摊开放凉，放入搅拌机搅成细末儿。

❹ 将花生末儿放入打蛋器中，加入色拉油搅拌均匀。

❺ 将搅拌好的花生酱放入瓶子中，放入冰箱冷藏室冷藏。

花生酱粥制作方法

❶ 将大米与小米混合煮成粥。

❷ 将少许花生酱与粥调匀，给宝宝食用。

营养点评 花生含有多种不饱和脂肪酸，如花生四烯酸等，可促进脑发育、增强记忆力。花生还含有丰富的钙和铁，每100克炒花生仁含钙量和含铁量分别高达284毫克和6.9毫克。中医认为，花生性平味甘，可以醒脾和胃、润肺化痰、滋养调气、清咽止咳，对营养不良、食少体弱、燥咳少痰、大便燥结等病症有食疗作用。

宝宝患腹泻、肠炎、痢疾时不宜食用。

妙厨魔法

炒花生仁要中火、热锅、冷油，要经常翻炒，油热后更要勤翻，大约炒15分钟即可。

17.【益气滋阳】

虾末儿粥

适用月龄 8月龄以上。

所需食材 大米和小米正常煮粥量（按2 ：1的比例搭配），新鲜的基围虾3只，3倍水。

制作方法

❶ 挑选新鲜的基围虾，去掉虾头、虾壳和虾背部的虾线，清洗干净。

❷ 将锅里放入水，锅置火上，水煮开后放入虾仁，煮5分钟左右，虾肉颜色由透明变成肉白色即可捞出。

❸ 将煮熟的虾仁切成碎末儿，与大米和小米放在一起煮熟，温凉后即可喂宝宝吃。

营养点评 基围虾营养丰富，肉质松软、易消化。富含优质蛋白质，很适合宝宝生长发育阶段体格和智力发育的需要；硒的含量也十分丰富，对宝宝的大脑发育和免疫力的增强非常有益。中医认为基围虾有化瘀解毒、益气滋阳、开胃化痰等功效。大米、小米中有多种氨基酸和糖分，有利于宝宝生长发育和日常活动所需能量的供给。

虾的种类很多，海虾和河虾的蛋白质、胆固醇和烟酸的含量不如基围虾，但钙、磷、钾、铁、锌、硒的含量均比基围虾高。海虾的硒含量特别高，每100克可食部含硒56.41微克。但海虾的钠含量也高，宝宝的肾脏功能还未完全成熟，摄入过多的钠会加重肾脏负担。

温馨提示

虾为动风发物，患有湿疹、癣症、皮炎、疮毒等皮肤瘙痒症时忌食。体质过敏的宝宝，如患过敏性鼻炎、支气管炎、反复发作性过敏性皮炎的宝宝也不宜吃虾。大量服用维生素C期间应避免吃虾。

18.【DHA大餐】

鱼末儿粥

适用月龄 8月龄以上。

所需食材 大米正常煮粥量，新鲜的三文鱼等海鱼肉少许，3倍水。

制作方法

❶ 把大米淘洗两遍，加水煮成粥。

❷ 将三文鱼（或黄花鱼、平鱼、带鱼、鳕鱼等）剔去刺，蒸熟，切碎，在粥煮好前5分钟放入粥中。

❸ 继续焖煮5分钟关火，温凉后喂宝宝吃。

温馨提示

鳕鱼肉质细嫩、刺少易做，很多妈妈都喜欢给宝宝吃鳕鱼。需要提醒的是，过量食用鳕鱼有的宝宝会出现手指脱皮的现象，按皮肤病治疗无明显效果，停食鳕鱼后症状消失，故一般1周吃1～2次即可。而且海鱼属于发物，有慢性疾病和过敏性皮肤病的宝宝不宜食用。

营养点评

鱼肉是优质蛋白质（尤其是海鱼，如金枪鱼、三文鱼等），不仅含量丰富，而且氨基酸的量和比值最适合宝宝所需，肝油和体油中所含有的DHA是宝宝大脑发育所必需的营养物质，还含有一定量的维生素A及矿物质等营养素，有利于宝宝体格和大脑的生长发育，以及视网膜的发育。

三文鱼是一种生长在高纬度地区的冷水鱼类，肉质细嫩，口感爽滑，有很高的营养价值。三文鱼中含有丰富的不饱和脂肪酸，所含的ω-3脂肪酸是脑部、视网膜及神经系统发育必不可少的物质，有增强脑功能的功效。中医认为，三文鱼肉有补虚劳、健脾胃、暖胃和中的功能，可治消瘦、水肿、消化不良等症。

也可为宝宝添加黄花鱼、平鱼、带鱼、鳕鱼，这几种海鱼鱼刺都比较少，容易挑干净刺。

- 黄花鱼又名“黄鱼”，含有丰富的蛋白质、矿物质和维生素，其水解蛋白质含赖氨酸、亮氨酸、酪氨酸、丙氨酸、精氨酸、谷氨酸等17种氨基酸，能健脾益气、开胃消食，以之熬汤可用于脾胃虚弱、少食腹泻、营养不良或脾虚水肿等。
- 平鱼具有益气养血、补胃益精、滑利关节、柔筋利骨之功效，对消化不良、脾虚泄泻、贫血、筋骨酸痛等很有效，还可用于小儿久病体虚、气血不足、倦怠乏力、食欲不振等症。
- 带鱼味甘、性微温，能补脾益气、益血补虚，对营养不良、毛发枯黄或病毒性肝炎、食欲不振、恶心体倦等有疗效。
- 鳕鱼肉味甘美、营养丰富，肉中蛋白质含量比三文鱼、鲳鱼、鲥鱼、带鱼都高，而脂肪含量则比三文鱼低17倍、比带鱼低7倍；肝脏含油量高，除了富含普通鱼油所有的DHA、DPA外，还含有人体所必需的维生素A、维生素D、维生素E和其他多种维生素。鳕鱼肝油中这些营养成分的比例，正是人体每日所需要量的最佳比例。因此，北欧人将它称为餐桌上的“营养师”。

19.【补充蛋白质】

香菇鸡肉粥

适用月龄 8 月龄以上。

所需食材 大米正常煮粥量，鸡胸脯肉少许，干香菇 1 朵，3 倍水。

制作方法

1. 提前将干香菇泡软，然后洗净，切成碎末儿。
2. 鸡肉清洗后切成碎末儿。
3. 将香菇末儿和鸡肉末儿一起放入炒锅中用油稍微炒一下。
4. 电饭煲中倒入适量米和水，然后倒入炒好的香菇末儿和鸡肉末儿，盖上盖子，将旋钮调至煮粥档即可。温凉后喂宝宝吃。

营养点评 香菇被人们称为“植物皇后”，含有大量对人体有益的营养物质。据分析，每 100 克干香菇含植物蛋白质 20.0 克、碳水化合物 61.7 克、膳食纤维 31.6 克。烟酸的含量高达 20.5 克，可防止维生素 C 被氧化而受到破坏，增强维生素 C 的效果，还有助于牙龈出血的预防和治疗。干香菇钾（464 毫克 /100 克）、镁（147 毫克 /100 克）、铁（10.5 毫克 /100 克）、锌（8.57 毫克 /100 克）、硒（6.42 微克 /100 克）、锰（5.47 毫克 /100 克）的含量也很高。近几年，营养学家和医学界证明香菇体内有一种一般蔬菜所缺乏的麦留醇，它经紫外线照射后会转化为维生素 D，可促进钙的吸收、增强人体抵抗疾病的能力。鸡肉属于优质蛋白且易于吸收利用，有助于宝宝快速生长发育。

宝宝饭量小，妈妈们辛辛苦苦准备了饭和菜，宝宝可能吃不了多少。这种将菜、肉、饭三合一的辅食，妈妈做着方便，做一次，蔬菜、肉类食物和谷类食物都有了，而且一顿吃不完还可以留到下一顿，只要不隔夜就行。饭的清香和菜、肉的美味叠加在一起，宝宝也非常喜欢吃。妈妈们可以开动脑筋，有很多肉和菜的搭配方法，再也不用发愁宝宝的营养配餐了。

20.【补血明目】

鸡肝小米粥

适用月龄 8月龄以上。

所需食材 小米正常煮粥量，新鲜的鸡肝10克，3倍水。

制作方法

❶ 将鸡肝洗净、切碎，放入沸水中焯一下。

❷ 将小米淘洗干净，与鸡肝一同放入锅中同煮。

❸ 煮1小时左右至粥熟即可。

21.【宝宝最爱】

西红柿鸡蛋面

适用月龄 8月龄以上。

所需食材 大小适中的熟西红柿1个，鸡蛋1个，婴幼儿面条及水适量，植物油少许。

制作方法

❶ 将西红柿洗净、去皮，切成碎末儿。

❷ 锅内倒入少量植物油，油热后加入西红柿煸炒几分钟，炒成西红柿酱的感觉。

❸ 锅内倒入适量开水，将婴幼儿面条掰成小短条，放入锅里煮。

❹ 鸡蛋磕开到碗里，滤出鸡蛋清，把鸡蛋黄打散，等面条快出锅时将鸡蛋黄打入锅里。

营养点评

西红柿色彩鲜艳，口味酸甜，是宝宝的最爱。用油炒过的西红柿，营养更容易被人体吸收。

第 4 节 小豆子中的大营养

第一阶段我们添加了谷类和薯类食物，这一阶段我们开始引入干豆类食物。干豆类食物的营养价值非常高，不仅是植物蛋白质的优质来源，而且富含维生素和矿物质，碳水化合物的含量也很高。

1.【清热解毒】

绿豆汤、绿豆沙

适用月龄 7 月龄以上。

所需食材 绿豆及水适量。

绿豆汤制作方法

1. 将绿豆淘洗干净，放入锅中，加水大火煮沸 10 分钟。
2. 关火取汤，放温后给宝宝喝。
3. 煮 1 小时左右至粥熟即可。

绿豆沙制作方法

1. 先将绿豆淘洗干净，用水浸泡 1 天。
2. 将绿豆的皮泡开，用手心轻轻搓揉，去掉绿豆皮。
3. 将去皮的绿豆加 2 倍水，放入高压锅煮约 30 分钟，使其成为豆沙。

营养点评 绿豆含有丰富的植物蛋白（21.6 毫克 /100 克），这些植物蛋白、鞣质和黄酮类化合物可与有机磷农药、汞、砷、铅结合形成沉淀物，使之减少或失去毒性，并不易被胃肠道吸收。绿豆所含有的众多生物活性物质，如香豆素、生物碱、植物甾醇、皂苷等，可以增强免疫功能、增加吞噬细胞的数量或吞噬功能。高温出汗可使机体因丢失大量的矿物质和维生素而导致内环境紊乱，绿豆含有丰富的矿物质（特别是钾 787 毫克 /100 克）和维生素，在高温环境中以绿豆汤为饮料，可以及时补充丢失的营养物质。

中医认为，绿豆具有清热解毒、消暑除烦、止渴健胃、利水消肿之功效，热性体质及易患疮毒者尤为适宜，但脾胃虚弱的宝宝不宜多吃。

2.【补血通便】

红小豆泥

适用月龄 7月龄以上。

所需食材 红小豆及水适量。

制作方法

1. 将红小豆提前一天用温水浸泡，然后放入水中煮烂。
2. 将红小豆取出，去皮，碾成泥状。
3. 取一平茶勺，用小勺喂宝宝吃。

营养点评 红小豆是人们生活中不可缺少的高营养、多功能的小杂粮。它富含碳水化合物（63.4毫克/100克），因此，又被人们称为“饭豆”；含有较多的皂角苷，可刺激肠道，有良好的利尿作用；含有较多的不溶性膳食纤维（7.7克/100克），具有良好的润肠通便的作用；含有丰富的铁质（7.4毫克/100克），可补血、促进血液循环、强化体力、增强抵抗力。

3.【清热解毒】

绿豆莲子粥

温馨提示

绿豆和莲子都是这一阶段新添加的食物，虽然不易过敏，但还是建议不要两种一起添加。

适用月龄 7月龄以上。

所需食材 大米正常煮粥量，绿豆、莲子适量，3倍水。

制作方法

❶ 莲子去心，用温水分别将绿豆和莲子浸泡1小时，然后将莲子捣碎，大米清洗两遍。

❷ 炉灶上置砂锅，放入适量水，水开后放入绿豆和莲子碎，水再煮开后改用小火煮约10分钟后加入大米煮至粥熟即可。

营养点评 绿豆和莲子在营养素组成方面有许多相似之处，它们均含有丰富的碳水化合物和植物蛋白质，钙、磷、钾、铁、锌、硒、铜、锰的含量也很高，还含有一定量的维生素 B_1 和维生素 B_2，不仅能够补充能量，而且对宝宝的牙齿发育非常有帮助。

中医认为绿豆有抗菌解毒、增强食欲、保肝护肾的功效，莲子有补脾止泻、养心安神、滋补元气的功效。两种食材一起煮粥，清补功效珠联璧合。

4.【润燥镇咳】

银耳蜜桃绿豆饮

适用月龄 7月龄以上。

所需食材 绿豆及水适量，蜜桃1/2个，干银耳1朵。

制作方法

❶ 绿豆洗净，用温水浸泡3小时。

❷ 银耳泡软、洗净。

❸ 水蜜桃去核，切成碎块儿。

❹ 将绿豆放入锅中，加水适量，用大火煮沸，转小火煮40分钟。

❺ 下入银耳，煮约20分钟。

❻ 待绿豆、银耳煮软烂后加入水蜜桃块儿，再煮5分钟即可。

5.【优质蛋白质】

鸡汁豆腐碎

适用月龄 7月龄以上。

所需食材 北豆腐1块，鸡汤适量。

制作方法

❶ 将豆腐切成小块儿，加入鸡汤中煮熟。

❷ 将豆腐块儿取出，取板栗大小碾碎，放温喂宝宝吃。

营养点评 豆腐及豆腐制品蛋白质含量丰富，而且属于优质蛋白质，不仅含有人体必需的8种氨基酸，而且比例也接近人体需要，营养价值很高。丰富的大豆卵磷脂有益于神经、血管和大脑的发育。豆腐还含有钙、铁等多种人体必需的矿物质，对牙齿、骨骼的生长发育也很有帮助。两小块儿豆腐即可满足一个人一天钙的需要量，还可增加血液中铁的含量。鸡汤的鲜美和豆腐的软嫩，一定会让宝宝爱吃停不住。

日常生活中常见的豆腐主要有北豆腐、南豆腐和内脂豆腐3种。北豆腐又称“北方豆腐”“卤水豆腐”，是豆浆煮开后加入盐卤，使其凝结成块儿，再压去一部分水分制成的。南豆腐又称“石膏豆腐”，它使用的成型剂是石膏液，与北豆腐相比，质地比较软嫩、细腻。北豆腐蛋白质含量和维生素 B_1 含量比南豆腐多1倍，维生素E、钙、铁、镁、锰的含量也比南豆腐多；南豆腐的维生素 B_2、钾和硒的含量比北豆腐略高。内脂豆腐上以β－葡萄糖酸内脂为凝固剂制成的，质地细腻洁白，保质期长，但各种营养素含量均低于北豆腐和南豆腐。

6.【发汗透疹】

香菜豆腐羹

适用月龄 7月龄以上。

所需食材 豆腐1块儿，香菜1～2根，鸡汤、水淀粉适量。

制作方法

❶ 提前将鸡汤煮好。

❷ 将香菜洗净，切成碎末儿，豆腐切成小块儿。

❸ 将香菜末儿和豆腐块儿加入鸡汤中炖煮15～20分钟，然后用水淀粉收汁。喂宝宝吃时把豆腐碾碎。

营养点评 香菜性温味甘，和豆腐搭配可促进人体的血液循环，有健脾消食、发汗透疹、利尿通便、祛风解毒的功效。

7.【预防感冒】

木耳豆腐羹

适用月龄 7月龄以上。

所需食材 豆腐1块儿，木耳1～2朵，鸡汤、水淀粉适量。

制作方法

❶ 提前将鸡汤煮好。

❷ 将黑木耳泡发后洗净，切成碎末儿，豆腐切成小块儿。

❸ 将木耳末儿和豆腐块儿加入鸡汤中炖煮15～20分钟，然后用水淀粉收汁。喂宝宝吃时把豆腐碾碎。

营养点评 黑木耳和豆腐都富含植物蛋白质，同时还含有较多的钙、铁、锌。鸡汤营养又美味，能提高免疫力。

8.【鲜嫩营养】

豌豆尖豆腐羹

适用月龄 7月龄以上。

所需食材 豆腐1块儿，豌豆尖嫩叶5～8片，鸡汤、水淀粉适量。

制作方法

❶ 提前将鸡汤煮好。

❷ 将豌豆尖叶洗净，切成碎末儿，豆腐切成小块儿。

❸ 将豌豆尖叶末儿和豆腐块儿加入鸡汤中炖煮15～20分钟，然后用水淀粉收汁。喂宝宝吃时把豆腐碾碎。

营养点评 豌豆尖茎叶柔嫩，味美可口，是一种营养丰富、食用安全、速生无污染的绿色蔬菜。碳水化合物含量可与谷类食物媲美（53.9克/100克），还含有丰富的胡萝卜素（2710微克/100克），维生素B_2的含量也比较高（0.23毫克/100克）。豆腐和豌豆尖、鸡汤搭配，营养丰富又美味。

第 5 节 宝宝最爱的蛋滋味

蛋黄泥和各式蛋羹是这一阶段宝宝的当家菜，妈妈们可以开动脑筋，多多变换花样，让宝宝爱吃停不住。

1.【宝宝的当家菜】

家常蛋羹

适用月龄 7 月龄以上。

所需食材 鸡蛋 1 个，凉开水适量。

制作方法

1. 鸡蛋磕开，取出蛋黄，打匀，加入凉开水，稍微搅拌一下。
2. 上锅蒸 10 ~ 15 分钟，放温后按应添加量用小勺喂宝宝吃。

妈咪提问

Q: 蛋羹怎么才能蒸得嫩?

A: 要想蛋羹蒸得嫩要注意以下 4 点：（1）用凉开水蒸鸡蛋羹。自来水中有空气，水被烧沸后空气排出，蛋羹会出现小蜂窝，营养成分也会受损；热开水会先将蛋液烫热，再蒸营养受损。最好是用凉开水，营养免遭损失，也会使蛋羹光滑、软嫩，口感鲜美。（2）先打好蛋液再加水。在蒸制前猛搅或长时间搅动蛋液会使蛋液起泡，蒸时蛋液不会融为一体。最好是打好蛋液，加入凉开水后再轻微打散即可。（3）蒸制时间忌过长，蒸气不宜太大。由于蛋液含蛋白质丰富，加热到 85℃左右就会逐渐凝固成块儿，蒸制时间过长会使蛋羹变硬，蛋白质受损；蒸气太大就会使蛋羹出现蜂窝，鲜味降低。

2.【补充叶酸】

薯泥蛋羹

适用月龄 7月龄以上。

所需食材 鸡蛋1个，已做好的红薯泥（或土豆泥）、凉开水适量。

制作方法

1. 鸡蛋磕开，取出蛋黄，打匀，加入适量凉开水，稍微搅拌一下。
2. 上锅蒸10～15分钟。
3. 取出蛋羹，加入少许红薯泥或土豆泥，搅匀按量用小勺喂宝宝吃。

3.【维生素丰富】

果泥蛋羹

适用月龄 7月龄以上。

所需食材 鸡蛋1个，应季水果1种，凉开水适量。

制作方法

❶ 鸡蛋磕开，取出蛋黄，打匀，加入适量凉开水，稍微搅拌一下。

❷ 加少许应季水果泥，打匀后上锅蒸10～15分钟。

❸ 或先将蛋羹蒸熟后，刮一些果泥摆放在熟蛋羹的表面，可堆成各种图形，甚是诱人！色、香、味、形俱佳，宝宝自然乐于接受。宝宝稍大些可以将水果泥改成水果粒儿。

营养点评 有的宝宝不爱吃蛋羹是因为味道太单调，我们的对策是变！变！变！变换不同口味和色彩的蛋羹，使他们好奇、爱吃。水果蛋羹不仅色彩诱人，营养也更全面均衡。

4.【清热解暑】

苦瓜蒸蛋

适用月龄 7月龄以上。

所需食材 鸡蛋1个，苦瓜1/4根，凉开水适量。

制作方法

❶ 鸡蛋磕开，取出蛋黄，打匀，加入适量凉开水，稍微搅拌一下。

❷ 上锅蒸10～15分钟。

❸ 将苦瓜去瓤，切成小块儿，用开水焯一下，取出切成碎末儿。

❹ 取出蛋羹，加入少许苦瓜末儿，搅匀按量用小勺喂宝宝吃。

营养点评 夏季吃蛋羹加一点儿苦瓜，可以清热解暑、健脾开胃。

5.【色彩的盛宴】

菜末儿蛋羹

适用月龄 8月龄以上。

所需食材 鸡蛋1个，叶类蔬菜1种，取5～8片嫩菜叶，凉开水适量。

制作方法

❶ 鸡蛋磕开以后，将蛋黄和蛋清分离，蛋黄倒入小碗中打匀。

❷ 将小油菜等叶菜洗净，放入沸水中焯一下，捞出后将菜叶部分切成很细的末儿，放入蛋黄液中。

❸ 倒入少许凉开水打匀，上锅蒸10～15分钟即可。

营养点评 蛋黄缺少维生素C等水溶性维生素；而绿色蔬菜则是维生素C的主要来源。吃这种蔬菜蛋羹既可以从小养成宝宝吃菜的好习惯，还可以训练宝宝的吞咽和咀嚼能力。

6.【健脑益智】

鱼末儿蛋羹

适用月龄 8月龄以上。

所需食材 生鸡蛋1个，肉嫩刺少的海鱼1种，凉开水适量。

制作方法

❶ 将鱼洗净，去鳞及内脏，蒸熟。

❷ 取熟鱼肉少许，挑净刺儿，切成碎末儿或碾成泥。

❸ 加入蛋黄和适量凉开水，打匀，上锅蒸熟即可食用。

营养点评 鱼类所含的蛋白质是优质蛋白质，其氨基酸组成适合婴幼儿的营养需要，消化吸收率高，而且含有较多的不饱和脂肪酸和钙、磷、钾等营养成分。

7.【优质蛋白质】

肉末儿蛋羹

适用月龄 8月龄以上。

所需食材 生鸡蛋1个，猪里脊肉10～15克，凉开水适量。

制作方法

❶ 将猪里脊肉切成末儿，炒熟。

❷ 加入蛋黄和凉白开水，打匀，上锅蒸熟后按宝宝需要量给宝宝吃。

营养点评 猪里脊肉和蛋黄均含有优质蛋白质和硒，不同的是蛋黄中还含有不饱和脂肪酸、多种氨基酸以及维生素A等脂溶性维生素，而猪里脊肉的维生素B_2、烟酸等水溶性维生素和钾的含量比较高。

8.【预防贫血】

肝末儿蛋羹

适用月龄 8月龄以上。

所需食材 生鸡蛋1个，猪肝或鸭肝或鸡肝10～15克，凉开水适量。

制作方法

❶ 将买回来的生肝用自来水冲洗10分钟，然后放在水中浸泡30分钟，洗净，切成小片儿上锅蒸。

❷ 将已蒸熟的鸡肝或鸭肝切成末儿备用。

❸ 鸡蛋磕开，将蛋黄和蛋清分离，将蛋黄倒入小碗中，打匀，然后加入少许凉开水，再打匀。

❹ 上锅蒸10～15分钟，出锅后在上面撒上肝末儿即可。

营养点评 此年龄段是宝宝缺铁性贫血的高发期，动物肝脏富含铁元素，而且易于宝宝吸收利用。人们最常吃的是猪肝，和鸭肝、鸡肝相比，猪肝有 6 种营养素含量位列第一，虽然鸭肝的含铁量比猪肝多，但只多 1 毫克，因此，从营养的全面均衡方面考虑，猪肝是最优选择。第二选择是鸭肝，鸭肝的硒含量非常高，每 100 克可食部含硒 57.27 微克；而且猪肝和鸭肝都含有一定量的维生素 C（鸭肝 18 毫克 /100 克，猪肝 15 毫克 /100 克），但鸡肝中没有。

为了消灭残存在肝里的寄生虫卵或病菌，烹调时间不能太短，应使肝完全变成灰褐色、看不到血丝为好。

妈咪提问

Q: 怎样挑选动物肝脏？

A: 建议挑选色泽鲜活、有光泽而且匀称、没有结节、没有污点、触手柔软而富有弹性的肝脏。

温馨提示

肝脏是动物体内最大的毒物中转站和解毒器官，血液中大部分毒物甚至与蛋白结合的毒物都能进入肝脏。因此，肝脏不宜多吃，每周添加 1 次即可。

9.【补钙大餐】

虾末儿蛋羹

适用月龄 8月龄以上。

所需食材 生鸡蛋1个，虾皮少许或鲜虾1只，凉开水适量。

制作方法

1. 将虾皮用温开水浸泡20分钟后将水挤净，剁成碎末儿后加入蛋黄中。
2. 放适量水打匀，上锅蒸熟即可喂宝宝吃。
3. 也可以将鲜虾煮熟，剁成碎末儿，加入蛋黄中打匀、蒸熟。

营养点评 虾皮营养丰富，除含有优质蛋白质外，还富含钙、磷、钾、镁、铁、硒等矿物质，特别是钙含量很高，每100克可食部含钙991毫克，钙、磷的比例也比较适宜。但因为虾皮钠含量也很高，故不宜多吃，钙的摄入量因此受到限制。虾肉也是优质蛋白质，并含有钙、磷、钾、硒等矿物质。

第 6 节 肉与菜的完美组合

这一阶段引入了更多肉类食物，蔬菜和肉类食物的完美组合不仅丰富了宝宝的味觉体验，更使宝宝的营养摄入更均衡。

1.【养肝明目】

南瓜猪肝泥

适用月龄 7 月龄以上。

所需食材 南瓜 25 克，猪肝少许，植物油 5 ~ 10 克。

制作方法

❶ 将南瓜洗净，去皮、去瓤，切成小块儿，放入碗里隔水蒸至软烂。

❷ 猪肝洗净、去筋，切成碎末儿。

❸ 锅放火上，倒入植物油，油热后放入猪肝煸炒。

❹ 将炒熟的猪肝拌入南瓜泥中。喂宝宝吃时要注意猪肝末儿的大小和猪肝的软硬宝宝是否能接受。

2.【补充维生素 A】

双色鸡肝泥

适用月龄 7 月龄以上。

所需食材 鸡肝 10 ~ 15 克，紫苋菜 1 ~ 2 棵，鲜柠檬 1 个。

制作方法

❶ 将鸡肝洗净、去筋、煮熟，碾成泥。

❷ 鲜柠檬挤汁，调入 3 ~ 5 滴在肝泥中。

❸ 紫苋菜洗净，用热水焯熟，切成碎末儿。

❹ 将鸡肝泥、紫苋菜泥搭配即可，或在盘中分别将鸡肝泥、紫苋菜末儿做成各种可爱的图形，以激发宝宝食欲。

营养点评

鸡肝中含有优质蛋白质、维生素 A、维生素 B_1、维生素 B_2、铁、锌、硒等营养素，紫苋菜中含有维生素 A 原、维生素 C、钙、钾、铁，柠檬汁含有维生素 C、钙和钾，三者结合营养更丰富。特别是维生素 C，可以去除腥味且有助于铁的吸收，口感更受宝宝的喜爱。

3.【提高免疫力】

苦瓜蒸肉末儿

适用月龄 8月龄以上。

所需食材 苦瓜1根，猪瘦肉馅少许，生蛋黄1个，干香菇1/2朵，黑木耳1朵，植物油5克。

制作方法

❶ 香菇和木耳泡发、洗净、切成碎末儿，放入肉馅儿中，再放入一个生蛋黄和少许植物油顺着一个方向搅匀。

❷ 苦瓜洗净，切段去瓤，每段3厘米左右。

❸ 水烧开，下苦瓜段焯一下捞起（焯的时间不宜长）。

❹ 把肉馅塞入苦瓜内，压紧上锅大火蒸10分钟左右即可。

营养点评 苦瓜含有丰富的维生素和矿物质，特别是维生素C和钾的含量很丰富，有清热解暑的作用；瘦猪肉富含优质蛋白质和多种维生素及微量元素；香菇和木耳不仅富含B族维生素，还含有香菇多糖和木耳多糖，可提高免疫力。

4.【健脾益气】

肉末儿胡萝卜

适用月龄 8月龄以上。

所需食材 胡萝卜1根，猪瘦肉馅（或羊肉馅）少许，植物油5～10克。

制作方法

❶ 将胡萝卜洗净，去根，切成末儿。

❷ 锅内倒油烧热，倒入肉馅滑散、炒熟。

❸ 另起锅倒油烧热，放入胡萝卜末儿煸炒几下，然后加少量水稍微焖一会儿，待胡萝卜烂熟后加入已经炒熟的肉馅翻炒几下即可。

营养点评 胡萝卜和肉类食物一起炒更有利于胡萝卜素的吸收。猪肉和羊肉在营养素的含量上各有特点，猪肉的维生素B_1含量非常高，而羊肉的锌含量是猪肉的1倍多。冬天常吃羊肉，不仅可以促进血液循环，增加人体热量，而且还能增加消化酶、促进消化。

温馨提示

如果怕苦瓜苦，可以把整根苦瓜焯一下。如果把苦瓜切开，一焯，好多营养素就都丢失了；整根放进去，焯完了再切成段。

5.【补气益智】

胡萝卜炒木耳

适用月龄 8月龄以上。

所需食材 胡萝卜1/2根，黑木耳1 ~ 2朵，植物油5 ~ 10克。

制作方法

❶ 将胡萝卜洗净，去根，切成末儿。

❷ 木耳泡发、洗净，切成末儿。

❸ 锅置火上，倒入少许植物油，中火烧至六成热时倒入胡萝卜末儿和木耳末儿煸炒几下，待胡萝卜烂熟后即可。

营养点评 黑木耳含有丰富的植物蛋白质，被营养学家誉为“素中之荤”和“素中之王”；碳水化合物的含量可与谷类食物媲美，还含有丰富的铁元素，是天然补血食物。黑木耳中的植物胶原成分具有较强的吸附性，常吃黑木耳能起到清理消化道的作用。

6.【补钙补锌】

小白菜炒肉末儿

温馨提示

小白菜因质地娇嫩，容易腐烂变质，一般是随买随吃，放在冰箱里最多能保鲜1 ~ 2天。

适用月龄 9月龄以上。

所需食材 小白菜2 ~ 3棵，猪里脊肉少许，植物油5 ~ 10克。

制作方法

❶ 将小白菜掰开、洗净，取嫩叶切碎。

❷ 将猪里脊肉洗净，切成碎末儿或用食物料理机绞成细末儿。

❸ 锅放火上，倒入植物油，油热后先放入肉末儿煸炒，再放入小白菜末儿继续炒一会儿，然后关火盛出。喂宝宝吃时要注意猪肉末儿的大小和软硬度宝宝是否能接受。

营养点评 小白菜含有丰富的胡萝卜素（1680微克/100克），维生素C（28毫克/100克）和钙（90毫克/100克）的含量也很高。中医认为，小白菜可养胃和中、通肠利胃。猪里脊肉富含优质蛋白质（20.2克/100克）和维生素B_1（0.47毫克/100克）、烟酸（5.2毫克/100克），锌（2.30毫克/100克）和硒（5.25微克/100克）的含量也比较高。小白菜和猪里脊肉搭配，有益于宝宝的生长发育。

7.【消食化痰】

鲫鱼白萝卜汤

适用月龄 7月龄以上。

所需食材 鲫鱼1条，白萝卜1/4根，水适量。

制作方法

❶ 鲫鱼剖开，去除内脏和黑膜，洗净沥干水；白萝卜洗净、去皮，切成丝。

❷ 锅中放油，下鲫鱼煎至两面金黄。

❸ 加入一大碗清水，大火烧开后撇去浮沫，继续煮至汤色变白。

❹ 加入萝卜丝同煮，盖上锅盖，用中火炖上40分钟左右。给宝宝喝汤，萝卜丝可以碾碎喂宝宝。鲫鱼刺儿多，长时间煮后口感不好，不给宝宝吃。

营养点评 鲫鱼白萝卜汤适合秋冬季节饮用，不仅可以化痰止咳、开胃消食，还可以提高免疫力、预防感冒。

妙厨魔法

收拾鱼的时候注意一定要把鱼腹内的黑膜仔细去除干净，否则鱼汤又苦又腥。锅烧热后下冷油，油热后再下鱼，这样煎鱼不容易粘锅。

8.【解暑祛湿】

荷叶冬瓜老鸭汤

适用月龄 8月龄以上。

所需食材 鲜荷叶1张，冬瓜1/2个，老公鸭肉250克，水适量。

制作方法

❶ 荷叶洗净，切成小片儿。

❷ 冬瓜洗净、去皮，切成小薄块儿。

❸ 鸭肉洗净，切成小块儿。

❹ 将所有食材放入锅中，加水适量煲汤。给宝宝喝汤、吃冬瓜。

营养点评 汤中鲜荷叶清暑利湿，冬瓜清热解暑，老公鸭能滋阴养血、益胃生津。三者合用既能清热解暑去湿，又能益胃生津。

9.【保护肝肾】

紫菜南瓜汤

适用月龄 7 月龄以上。

所需食材 老南瓜 1 块儿，紫菜、虾皮少许，鸡蛋 1 个，水适量。

制作方法

❶ 将干紫菜搓碎，用水泡开、洗净。

❷ 鸡蛋打入碗内，滤出蛋清，将蛋黄搅匀。

❸ 虾皮提前浸泡 1 ～ 2 小时，洗净，切成碎末儿。

❹ 南瓜去皮、去瓤，洗净、切成碎丁儿。

❺ 锅放火上，倒入适量清水，水开后放入虾皮和南瓜，煮约 30 分钟，再放入紫菜，10 分钟后将搅好的蛋黄液倒入锅中，形成蛋花、调匀即可。

营养点评 此汤具有保护肝肾、强壮身体的作用。

10.【补血养血】

适用月龄 7 月龄以上。

所需食材 芹菜 1 棵，大红枣 3 ～ 5 枚，水适量。

制作方法

❶ 将芹菜洗净，切成碎末儿。

❷ 红枣洗净、去核。

❸ 锅内放入清水和红枣，大火煮开后转小火再煮 10 分钟。

❹ 放入芹菜末儿转大火再煮 10 分钟即可。

营养点评 此汤味道独特，且有补血养血、疏肝健脾之功效。

11.【清热生津】

冬瓜银耳羹

适用月龄 8月龄以上。

所需食材 冬瓜1块儿，银耳1朵，水适量。

制作方法

❶ 将冬瓜去皮、去瓤，切成碎末儿。

❷ 银耳泡发，洗净，切成碎末儿。

❸ 锅内加水，水开后放入冬瓜和银耳，水再开后转小火焖煮，煮至冬瓜和银耳软烂即可。

营养点评 冬瓜和银耳都含有丰富的氨基酸，而且都有清热润燥的功效，此羹可清热生津、利尿消肿。

12.【补血解毒】

鸭血白萝卜汤

适用月龄 8月龄以上。

所需食材 鸭血200克，白萝卜1/4根，水适量。

制作方法

❶ 鸭血洗净，切成小块儿；白萝卜洗净、去皮，切成丝。

❷ 锅中放水，锅置火上，水烧开后放入白萝卜丝。

❸ 白萝卜丝煮熟后放入鸭血块儿，继续煮5～10分钟即可。给宝宝喝汤，吃鸭血和萝卜丝（碾碎）。

营养点评 白萝卜可消积化痰，鸭血可补血解毒。

第 7 节 营养和口味更丰富的水果

前一阶段添加过的水果，这一阶段依然可以继续给宝宝吃，只是不要再做成泥糊状了，可以切成碎末儿让宝宝练习咀嚼。这一阶段新引入的水果，我们介绍的多是滋补汤饮的做法，更简单的吃法是直接切成碎末儿给宝宝吃。

1.【润肺止咳】

银耳百合炖雪梨

适用月龄 7 月龄以上。

所需食材 雪梨 1 个，干银耳 1 朵，干百合、冰糖少许，水适量。

制作方法

❶ 将银耳、百合用清水泡发后清洗滤干，切成碎末儿，冰糖置于小碗中备用。

❷ 雪梨去皮、去核，切成碎块儿。

❸ 取一炖盅，将所有食材倒入盅中，再加入清水至九成满。

❹ 电饭锅注入小半锅水，将炖盅盖上，放入锅中，先调到煮饭，煮至沸腾上汽时改成煮粥，炖 2 小时左右即可。

营养点评

干百合是这一阶段新引入的食物，含有丰富的碳水化合物（79.5 克 /100 克），钾（344 毫克 /100 克）和铁（5.9 毫克 /100 克）的含量也很高，还含有秋水仙碱等多种生物碱，这些成分综合作用于人体，不仅具有良好的营养滋补之功，而且还对秋季气候干燥而引起的多种季节性疾病有一定的防治作用，可养心安神、润肺止咳。

2.【补气养血】

樱桃桂花银耳羹

适用月龄 7月龄以上。

所需食材 樱桃3～5个，干银耳1朵，桂花、冰糖少许，水适量。

制作方法

1. 银耳用清水泡发后洗净滤干，切成碎末儿，冰糖置于小碗中备用。
2. 樱桃洗净、去皮，取出果肉，切成碎末儿。
3. 锅置火上，放入冰糖，将冰糖溶化，然后加入银耳煮至软烂。
4. 加入樱桃果肉、桂花再煮5～10分钟即可。

营养点评 樱桃果肉性味甘温，有调中益脾之功，对调气活血、平肝去热有较好疗效，并有促进血红蛋白再生的作用，对儿童缺钙、缺铁有一定的辅助治疗作用。而且樱桃果实发育周期短，生长期间不喷药，果实无农药污染。

3.【益气补血】

桂圆红枣银耳羹

适用月龄 7月龄以上。

所需食材 桂圆3～5颗，大红枣1枚，莲子1～2枚，干银耳1朵。

制作方法

1. 干银耳用水泡发后洗净，切成碎末儿。
2. 红枣切开去核、去皮，桂圆剥去外壳后，放入热水中浸泡一会儿，剥下果肉，切成碎末儿。
3. 银耳和莲子放入锅中，加水煮开后转小火煮至银耳黏稠。
4. 倒入红枣肉和桂圆肉，小火煮约30分钟即可。

营养点评 桂圆含有丰富的碳水化合物（16.6克/100克）、维生素C（43毫克/100克）和钾（248毫克/100克），可补益心脾、养血安神、补脑益气，银耳有滋阴润肺的功效，红枣有益气补血、健脾和胃等功效。桂圆红枣银耳羹营养丰富、浓甜润滑、美味可口。

4.【补脾益肝】

荔枝绿豆饮

适用月龄 7月龄以上。

所需食材 荔枝1～2颗，绿豆30克，水适量。

制作方法

❶ 将绿豆淘洗干净，放入锅中，加水大火煮沸10分钟。

❷ 荔枝去壳，取下果肉，切成小块儿，放入绿豆汤中煮5～10分钟即可。给宝宝喝汤、吃荔枝肉。

营养点评 荔枝含有丰富的碳水化合物（16.6克/100克），可补充能量、补养大脑；还富含维生素C（41毫克/100克），可促进微血管的血液循环，令皮肤更加光滑。中医认为荔枝味甘酸、性温，可补脾益肝、理气补血、补心安神。荔枝食多易上火，而绿豆汤是败火之物，同食能减少上火的影响。

5.【润肺止咳】

枇杷冰糖饮

适用月龄 7月龄以上。

所需食材 枇杷1～2枚，冰糖少许，水适量。

制作方法

❶ 枇杷洗净、去皮、去核，去除核周围的白膜，放入锅内。

❷ 锅内加水，大火烧开后转小火，煮至枇杷软熟即可。放温后给宝宝喝汤、吃果肉。

营养点评 枇杷秋日养蕾、冬季开花、春来结子、夏初成熟，承四时之雨露，为“果中独备四时之气者”，其果肉柔软多汁、酸甜适度，被誉为“果中之皇”。枇杷中所含的有机酸，能刺激消化腺分泌，可增进食欲、帮助消化吸收、止渴解暑。枇杷中含有苦杏仁苷，能够润肺止咳、祛痰，治疗各种咳嗽。枇杷果实及叶有抑制流感病毒的作用，常吃可以预防四时感冒。

6.【抗病杀虫】

木瓜奶昔

适用月龄 7月龄以上。

所需食材 新鲜、成熟的木瓜150克，母乳或配方奶200毫升。

制作方法

❶ 将木瓜洗净、去皮，切掉头尾，切小块儿。

❷ 将木瓜块儿和母乳或配方奶一起放入食物料理机中，中速搅拌几分钟即可。

营养点评 木瓜果肉厚实细致，汁水多，甜美可口，营养丰富，有“百益之果”“水果之皇”的雅称，是岭南四大名果之一。木瓜中含有大量水分和多种维生素、矿物质，特别是胡萝卜素和维生素C含量极高；还含有多种人体必需的氨基酸，可有效补充人体的养分，增强机体的抗病能力。现代医学发现，木瓜中含有一种酵素，能消化蛋白质，有利于人体对食物进行消化和吸收，故有健脾消食之功。木瓜中的番木瓜碱和木瓜蛋白酶具有抗结核杆菌及寄生虫的作用，如绦虫、蛔虫、鞭虫、阿米巴原虫，故有助于杀虫抗痨。木瓜和乳类搭配味道香浓，宝宝爱吃。

温馨提示

木瓜中的番木瓜碱容易引起过敏反应，过敏体质的宝宝应慎重添加。

妈咪提问

Q：怎样选购木瓜？

A：木瓜很好挑选，皮要光滑，颜色要亮，不能有色斑。熟木瓜手感很轻，果肉较甘甜。手感沉的木瓜一般还未完全成熟，口感有些苦。挑木瓜的时候要轻按其表皮，千万不可买表皮很松的，木瓜果肉一定要结实。木瓜不宜在冰箱中存放太久，以免长斑点或变黑。

7.【健胃消食】

冰糖红果饮

适用月龄 7月龄以上。

所需食材 新鲜红果5～10个，冰糖少许，水适量。

制作方法

❶ 将红果洗净，去蒂、去核，切成两半。

❷ 放入水中大火煮开再转小火煮至烂熟。

❸ 加入冰糖继续煮，使其成为稀糊状即可。

营养点评 红果又名“山楂”“山里红”，内含丰富的维生素C、山楂酸、柠檬酸、黄酮类营养素。每100克红果含维生素53毫克，是橙子的1.6倍，而且红果中的多种有机酸能使维生素C在加热的情况下也不致被破坏，是补充维生素C的极佳选择。红果的钙（52毫克/100克）、钾（299毫克/100克）含量也位列水果前三，对宝宝的生长发育非常有益。

中医认为红果有消食健胃、活血化瘀、驱虫之功效，主治肉食积滞、小儿乳食停滞、胃脘腹痛、疝气疼痛等。

温馨提示

红果只消不补，故不宜多吃，特别是不宜空腹吃。

8.【润肺生津】

草莓香蕉泥

适用月龄 7月龄以上。

所需食材 草莓3～5个，香蕉1/4根。

制作方法

❶ 将草莓在盐水中浸泡10分钟，然后用流水冲洗干净，去掉草莓蒂，切成小块儿。

❷ 香蕉去皮，切成小块儿。

❸ 将草莓块儿和香蕉块儿倒入食物料理机中打成果泥即可。

营养点评 草莓鲜美红嫩，果肉多汁，含有浓郁的水果芳香。草莓含有丰富的维生素C（47毫克/100克）以及多酚类抗氧化物质，是很好的抗辐射维生素，还可以巩固牙龈、清新口气、润泽喉部 。风热咳嗽、咽喉肿痛、夏季烦热、腹泻口干时应多吃些草莓。

9.【补充维生素】

猕猴桃奶昔

适用月龄 7月龄以上。

所需食材 猕猴桃1个，配方奶适量。

制作方法

将猕猴桃洗净、去皮，切成小块儿，和配方奶一起倒入食物机中打成稍稀的果泥状即可。

营养点评 猕猴桃所含的天然肌醇有助于脑部活动，膳食纤维、猕猴桃碱和多种蛋白酶，具有开胃健脾、助消化、防止便秘的功能。

温馨提示

有些宝宝可能会对草莓过敏，家长要特别注意，一旦发现宝宝有皮疹、嘴周发痒红肿等症状应立即停止添加草莓，一般过敏症状可在数小时后消失。

第 8 节 7~9月龄营养配餐举例

1 食物的种类与比例

7 ~ 9 月龄的宝宝，母乳或配方奶仍然是其主要的营养来源（每日应保证摄入 600 毫升）。可添加的辅食种类和量较前一阶段都有明显增加，中国营养学会建议每日应添加辅食 1 ~ 2 餐，蛋黄 1 个，肉类食物 50 克。谷薯类食物、蔬菜、水果都没有给出具体的建议添加量。这些食物能搭配组合出许多营养又美味的辅食，除了我们在本书中介绍的以外，妈妈们可以开动脑筋、自由创造。

营养供给比例

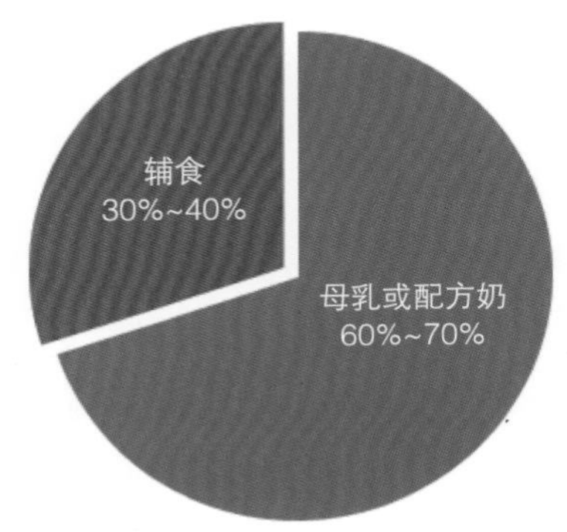

2 不同季节推荐添加的食物

① 春季推荐添加的食物

春季，宝宝的消化吸收能力将会逐渐增强，这个时候辅食要以清淡、富含营养为主，帮助宝宝提高食欲，让宝宝长高长大。

● 要满足宝宝器官组织对优质蛋白质的需求，适当增加鸡肉、牛肉、奶制品、蛋类、海产品和豆制品等富含蛋白质的食物，主食多选大米、小米、红小豆、白面等。

● 及时补充不饱和脂肪酸，如 DHA 等是大脑和脑神经的重要营养成分，摄入不足可能会影响记忆力和思维能力，可以通过把芝麻、核桃、花生、松子等捣碎加入菜肴，或者做菜时适量选用橄榄油、葵花子油等加以补充。

● 满足宝宝身体对钙、磷等矿物质的需求，多选豆制品、鱼虾、芝麻和海产品等食物，同时保证钙和磷等矿物质的吸收，要辅以蛋、奶、动物肝等富含维生素 D 的食物，天气好的话，让宝宝多去户外晒晒太阳，促进身体内源性维生素 D 的转化。

● 春天，宝宝很容易生病，感冒等呼吸道疾病居多，一些疾病的发生是与维生素缺乏有关的。适当吃些小白菜、油菜等新鲜蔬菜和柑橘、柠檬、草莓等富含维生素C的水果，有抗病毒的作用；胡萝卜、苋菜、豌豆苗等蔬菜和动物肝、蛋黄、配方奶、鱼肝油等动物性食物富含维生素A，有保护和增强上呼吸道黏膜和呼吸器官上皮细胞的功能，有助于抵抗各种致病因素的侵袭；芝麻、卷心菜、西蓝花等食物含有维生素E，可以提高人体免疫功能，增强机体的抗病能力。

食物种类	春季推荐添加的食物名称
谷薯类食物	强化铁的婴儿米粉、小米、大米、玉米面、玉米楂、薏米（雨水多时添加）、燕麦、标准粉、红薯、土豆、藕粉
肉蛋类食物	蛋黄、瘦猪肉、牛肉、鸭肉、虾仁、鲫鱼、鸡肝、鸭血、猪血
大豆及豆制品	豆腐
蔬菜类食物	胡萝卜、白萝卜、水萝卜、山药、芋头、豌豆、南瓜
	白菜、菠菜、鸡毛菜、芹菜、芥蓝、油菜、荠菜、木耳菜
	西蓝花
	百合、莲子
菌藻类食物	银耳、紫菜
水果类食物	苹果、梨、红枣、枇杷
坚果种子类食物	花生、芝麻、核桃

❷ 夏季推荐添加的食物

夏季饮食尽量清淡，少油腻，没油炸，保证优质蛋白质的摄入，比如母乳、奶制品包括酸奶、奶酪、鱼类、瘦肉、豆制品和蛋类。可以给宝宝适当吃一些绿豆与谷类搭配的主食，比如说绿豆大米饭、绿豆玉米楂大米饭，也可以煮绿豆粥再加入大米、小米或玉米楂；还可以做一些薯粮搭配的食物，比如说土豆加上大米、玉米楂给孩子煮粥吃；面条对于宝宝来说也是夏天可以多选择的食物，比如卤面条、芝麻酱拌面、炸酱面、鸡蛋西红柿汤面；带馅的饺子、馄饨、包子、菜团子等，既可以让宝宝吃一些蔬菜，其中又可以加入瘦肉、鱼、虾和鸡蛋等食物，容易做到营养均衡。夏季蔬菜种类繁多，也比较新鲜，应该给宝宝选择各种颜色的新鲜蔬菜。水果这个季节也比较多，应该在上午和下午加餐中适量补充，但是注意尽量不吃反季节水果。

水对宝宝生长发育特别重要，水在宝宝身体内占的比例大约在 60% ~ 70% 以上。由于夏天气候炎热，宝宝体内大量丢失水分会给身体和大脑发育带来不利影响。因此，在炎热的夏天要想尽办法给宝宝多喝水，喝温白开水，不主张给宝宝喝饮料。不要等宝宝渴了再让其喝水，因为宝宝感觉系统发育不完善，语言表达能力也没有发育完成，家长要定时、定量地给宝宝喝够水。

食物种类	夏季推荐添加的食物名称
谷薯类食物	强化铁的婴儿米粉、大米、薏米（雨水多时添加）、燕麦、标准粉、土豆、藕粉
肉蛋类食物	蛋黄、瘦猪肉、鸭肉、鸡肉、黄鱼、鲫鱼、草鱼、虾、鸡肝或猪肝、猪血
杂豆类食物	绿豆、红小豆
大豆及豆制品	豆腐
蔬菜类食物	胡萝卜、山药、毛豆、豌豆、西红柿、冬瓜、南瓜、苦瓜、黄瓜
	菠菜、油菜、鸡毛菜、芥蓝、芹菜、西蓝花、荷叶、荠菜、苋菜、盖菜
	百合、莲子
菌藻类食物	银耳、香菇、木耳
水果类食物	西瓜、葡萄、红枣、草莓、樱桃、木瓜、桂圆、荔枝、桃、红果、猕猴桃

③ 秋季推荐添加的食物

秋季是一年四季中物产最丰富的季节，应季食物很多，关键在于怎样搭配，既要满足宝宝的生长需要，又不要过剩。热量高一点食物可以适当多吃一点儿。但是我们也知道，脾胃比较弱的宝宝吃多了消化不了，容易积食。所以在食物的选择和搭配上，要根据宝宝的具体情况因人而宜、因食而宜。

粗粮、细粮要搭配，肉、蛋、奶也要搭配。现在宝宝普遍吃蔬菜比较少，蔬菜里有各种各样的维生素，维生素对人体有非常好的保养作用。比如说维生素A，一些深绿色和黄色蔬菜都含有β-胡萝卜素，到身体里就转化成维生素A，不但对皮肤有保湿作用，同时对呼吸道黏膜也有很好的保护作用。呼吸道黏膜健康，宝宝就不容易受病毒侵犯。还有的家长对喝水重视不够。秋季天气比较干燥，给孩子每天要喝够一定量的水，这一点比什么都重要。

食物种类	秋季推荐添加的食物名称
谷薯类食物	强化铁的婴儿米粉、小米、大米、玉米、玉米面、玉米楂、薏米（雨水多时添加）、燕麦、标准粉、红薯、土豆、藕粉
肉蛋类食物	蛋黄、鸭肉、牛肉、鸡肉、羊肉、黄鱼、鸡肝或猪肝、猪血
大豆及豆制品	豆腐
蔬菜类食物	胡萝卜、白萝卜、山药、芋头、豌豆、西红柿、冬瓜、南瓜
	菠菜、油菜、小白菜、鸡毛菜、芹菜、芥蓝、荷叶、荠菜
	百合、莲子
菌藻类食物	银耳、黑木耳、香菇、紫菜
水果类食物	葡萄、苹果、梨、红枣、橙子、橘子、香蕉、猕猴桃、桂圆、红果
坚果种子类食物	花生、芝麻、核桃

4 冬季推荐添加的食物

冬季天气寒冷，宝宝要摄入足够的热量，以提高机体的抗寒能力，还要为身体的生长发育储备营养。冬季主食要吃好，因为主食是热量最主要的提供者，还要注意摄入充足的优质蛋白质。寒冷的气候使人体氧化功能加快，维生素 B_1、维生素 B_2 代谢也明显加快，要注意及时从饮食中补充。维生素 A 能增强人体的耐寒力，维生素 C 可提高人体对寒冷的适应能力，并且对血管具有良好的保护作用。因此，冬天要多给宝宝吃一些富含维生素的食物。冬季不宜给宝宝吃生冷的食物。生冷的食物不易消化，容易伤及宝宝的脾胃，脾胃虚寒的宝宝尤其要注意。

食物种类	冬季推荐添加的食物名称
谷薯类食物	强化铁的婴儿米粉、小米、大米、玉米、玉米面、玉米楂、燕麦、标准粉、红薯、土豆、藕粉
肉蛋类食物	蛋黄、羊肉、牛肉、鸡肉、猪肉、鸭肉、鱼、海虾、鸡肝或猪肝、猪血
杂豆类食物	红小豆
大豆及豆制品	豆腐
蔬菜类食物	胡萝卜、白萝卜、山药、芋头、南瓜、苦瓜
	菠菜、油菜、芥蓝、芹菜、荠菜、苋菜、白菜、香菜
	西蓝花
	百合、莲子
菌藻类食物	银耳、木耳、紫菜
水果类食物	苹果、梨、红枣、橙子、橘子、香蕉、桂圆、猕猴桃、红果、荔枝
坚果种子类食物	花生、芝麻、核桃

3 春季1周营养配餐举例

周　一	
早上7点	母乳和/或配方奶
上午10点	母乳和/或配方奶
中午12点	辅食：2段婴儿米粉＋肉末儿蛋羹
下午3点	母乳和/或配方奶
下午6点	辅食：枣泥二米粥＋蒸鳕鱼
晚上9点	母乳和/或配方奶
周　二	
早上7点	母乳和/或配方奶
上午10点	母乳和/或配方奶
中午12点	辅食：2段婴儿米粉＋鱼末儿蛋羹
下午3点	母乳和/或配方奶
下午6点	辅食：菠菜鸡肉粥＋红枣泥
晚上9点	母乳和/或配方奶
周　三	
早上7点	母乳和/或配方奶
上午10点	母乳和/或配方奶
中午12点	辅食：2段婴儿米粉＋虾末儿蛋羹（可加入苹果泥）
下午3点	母乳和/或配方奶
下午6点	辅食：小米山药粥＋肉末儿土豆泥
晚上9点	母乳和/或配方奶

周　四	
早上 7 点	母乳和 / 或配方奶
上午 10 点	母乳和 / 或配方奶
中午 12 点	辅食：2 段婴儿米粉 + 菠菜鸡肝泥
下午 3 点	母乳和 / 或配方奶
下午 6 点	辅食：牛奶燕麦粥 + 蒸梨
晚上 9 点	母乳和 / 或配方奶
周　五	
早上 7 点	母乳和 / 或配方奶
上午 10 点	母乳和 / 或配方奶
中午 12 点	辅食：2 段婴儿米粉 + 肉末儿胡萝卜
下午 3 点	母乳和 / 或配方奶
下午 6 点	辅食：芋头粥 + 果泥蛋羹
晚上 9 点	母乳和 / 或配方奶
周　六	
早上 7 点	母乳和 / 或配方奶
上午 10 点	母乳和 / 或配方奶
中午 12 点	辅食：2 段婴儿米粉 + 豌豆蛋黄泥
下午 3 点	母乳和 / 或配方奶
下午 6 点	辅食：红薯二米粥 + 肉末儿豆腐
晚上 9 点	母乳和 / 或配方奶
周　日	
早上 7 点	母乳和 / 或配方奶
上午 10 点	母乳和 / 或配方奶
中午 12 点	辅食：西红柿鸡蛋烂面 + 肉末儿胡萝卜
下午 3 点	母乳和 / 或配方奶
下午 6 点	辅食：2 段婴儿米粉 + 菜末儿蛋羹
晚上 9 点	母乳和 / 或配方奶

4 夏季1周营养配餐举例

周　一	
早上 7 点	母乳和 / 或配方奶
上午 10 点	母乳和 / 或配方奶
中午 12 点	辅食：2 段婴儿米粉 + 肉末儿冬瓜泥
下午 3 点	母乳和 / 或配方奶
下午 6 点	辅食：绿豆粥 + 菜末儿蛋羹
晚上 9 点	母乳和 / 或配方奶
周　二	
早上 7 点	母乳和 / 或配方奶
上午 10 点	母乳和 / 或配方奶
中午 12 点	辅食：2 段婴儿米粉 + 肉末儿蛋羹
下午 3 点	母乳和 / 或配方奶
下午 6 点	辅食：荷叶粥 + 西瓜
晚上 9 点	母乳和 / 或配方奶
周　三	
早上 7 点	母乳和 / 或配方奶
上午 10 点	母乳和 / 或配方奶
中午 12 点	辅食：2 段婴儿米粉 + 南瓜猪肝泥
下午 3 点	母乳和 / 或配方奶
下午 6 点	辅食：薏米粥 + 肉末儿蛋羹
晚上 9 点	母乳和 / 或配方奶

周　四	
早上 7 点	母乳和 / 或配方奶
上午 10 点	母乳和 / 或配方奶
中午 12 点	辅食：2 段婴儿米粉 + 鱼末儿蛋羹
下午 3 点	母乳和 / 或配方奶
下午 6 点	辅食：肉末儿粥 + 葡萄泥
晚上 9 点	母乳和 / 或配方奶
周　五	
早上 7 点	母乳和 / 或配方奶
上午 10 点	母乳和 / 或配方奶
中午 12 点	辅食：2 段婴儿米粉 + 虾末儿蛋羹
下午 3 点	母乳和 / 或配方奶
下午 6 点	辅食：胡萝卜粥 + 肉末儿小白菜泥
晚上 9 点	母乳和 / 或配方奶
周　六	
早上 7 点	母乳和 / 或配方奶
上午 10 点	母乳和 / 或配方奶
中午 12 点	辅食：2 段婴儿米粉 + 鱼末儿蛋羹
下午 3 点	母乳和 / 或配方奶
下午 6 点	辅食：荷叶粥 + 肉末儿冬瓜
晚上 9 点	母乳和 / 或配方奶
周　日	
早上 7 点	母乳和 / 或配方奶
上午 10 点	母乳和 / 或配方奶
中午 12 点	辅食：西红柿鸡蛋烂面 + 蒸大黄鱼
下午 3 点	母乳和 / 或配方奶
下午 6 点	辅食：2 段婴儿米粉 + 菜末儿蛋羹
晚上 9 点	母乳和 / 或配方奶

5 秋季1周营养配餐举例

周 一	
早上7点	母乳和/或配方奶
上午10点	母乳和/或配方奶
中午12点	辅食：2段婴儿米粉+肉末儿胡萝卜泥
下午3点	母乳和/或配方奶
下午6点	辅食：牛奶燕麦粥+菜末儿蛋羹
晚上9点	母乳和/或配方奶
周 二	
早上7点	母乳和/或配方奶
上午10点	母乳和/或配方奶
中午12点	辅食：2段婴儿米粉+肉末儿小白菜泥
下午3点	母乳和/或配方奶
下午6点	辅食：小米山药粥+果泥蛋羹
晚上9点	母乳和/或配方奶
周 三	
早上7点	母乳和/或配方奶
上午10点	母乳和/或配方奶
中午12点	辅食：2段婴儿米粉+南瓜猪肝泥
下午3点	母乳和/或配方奶
下午6点	辅食：枣泥二米粥+菜末儿蛋羹
晚上9点	母乳和/或配方奶

周　四	
早上 7 点	母乳和 / 或配方奶
上午 10 点	母乳和 / 或配方奶
中午 12 点	辅食：2 段婴儿米粉 + 鱼末儿蛋羹
下午 3 点	母乳和 / 或配方奶
下午 6 点	辅食：南瓜粥 + 蒸梨
晚上 9 点	母乳和 / 或配方奶
周　五	
早上 7 点	母乳和 / 或配方奶
上午 10 点	母乳和 / 或配方奶
中午 12 点	辅食：2 段婴儿米粉 + 虾末儿蛋羹
下午 3 点	母乳和 / 或配方奶
下午 6 点	辅食：菠菜鸡肉粥 + 肉末儿胡萝卜泥
晚上 9 点	母乳和 / 或配方奶
周　六	
早上 7 点	母乳和 / 或配方奶
上午 10 点	母乳和 / 或配方奶
中午 12 点	辅食：2 段婴儿米粉 + 肉末儿蛋羹
下午 3 点	母乳和 / 或配方奶
下午 6 点	辅食：红薯二米粥 + 鸡汁豆腐碎
晚上 9 点	母乳和 / 或配方奶
周　日	
早上 7 点	母乳和 / 或配方奶
上午 10 点	母乳和 / 或配方奶
中午 12 点	辅食：西红柿鸡蛋烂面 + 蒸鳕鱼 + 苹果泥
下午 3 点	母乳和 / 或配方奶
下午 6 点	辅食：2 段婴儿米粉 + 菜末儿蛋羹
晚上 9 点	母乳和 / 或配方奶

6 冬季4周营养配餐举例

周　一	
早上7点	母乳和/或配方奶
上午10点	母乳和/或配方奶
中午12点	辅食：2段婴儿米粉+肉末儿土豆泥
下午3点	母乳和/或配方奶
下午6点	辅食：牛奶燕麦粥+菜末儿蛋羹
晚上9点	母乳和/或配方奶
周　二	
早上7点	母乳和/或配方奶
上午10点	母乳和/或配方奶
中午12点	辅食：2段婴儿米粉+肉末儿胡萝卜泥
下午3点	母乳和/或配方奶
下午6点	辅食：枣泥二米粥+果泥蛋羹
晚上9点	母乳和/或配方奶
周　三	
早上7点	母乳和/或配方奶
上午10点	母乳和/或配方奶
中午12点	辅食：2段婴儿米粉+南瓜猪肝泥
下午3点	母乳和/或配方奶
下午6点	辅食：小米山药粥+菜末儿蛋羹
晚上9点	母乳和/或配方奶

周　四	
早上 7 点	母乳和 / 或配方奶
上午 10 点	母乳和 / 或配方奶
中午 12 点	辅食：2 段婴儿米粉 + 鱼末儿蛋羹
下午 3 点	母乳和 / 或配方奶
下午 6 点	辅食：菜末儿粥 + 肉末儿胡萝卜泥
晚上 9 点	母乳和 / 或配方奶
周　五	
早上 7 点	母乳和 / 或配方奶
上午 10 点	母乳和 / 或配方奶
中午 12 点	辅食：2 段婴儿米粉 + 虾末儿蛋羹 + 香蕉泥
下午 3 点	母乳和 / 或配方奶
下午 6 点	辅食：红薯二米粥 + 肉末儿小白菜泥
晚上 9 点	母乳和 / 或配方奶
周　六	
早上 7 点	母乳和 / 或配方奶
上午 10 点	母乳和 / 或配方奶
中午 12 点	辅食：2 段婴儿米粉 + 肉末儿蛋羹
下午 3 点	母乳和 / 或配方奶
下午 6 点	辅食：菠菜鸡肉粥 + 蒸梨
晚上 9 点	母乳和 / 或配方奶
周　日	
早上 7 点	母乳和 / 或配方奶
上午 10 点	母乳和 / 或配方奶
中午 12 点	辅食：西红柿鸡蛋烂面 + 蒸鳕鱼 + 苹果泥
下午 3 点	母乳和 / 或配方奶
下午 6 点	辅食：2 段婴儿米粉 + 菜末儿蛋羹
晚上 9 点	母乳和 / 或配方奶

第4章

辅食添加第3阶（10~12月龄）

建立科学的饮食模式

这一阶段宝宝营养的供给，由出生时以乳类为主渐渐过渡到乳类提供一半或更多营养、辅食提供一半营养。

10～12月龄的宝宝已经可以用拇指和食指拿东西，非常喜欢用手抓食物吃，而且总是边吃边玩（其实宝宝是在体验手抓食物的感觉，有助于宝宝手眼协调能力的提高和触觉的发育），会把自己和周围环境弄得很脏。看着吃得满身满脸的宝宝和撒落在地上的食物，妈妈很可能会大为恼火。先别急，给他准备一个围兜，提前在地上铺些报纸，收拾的难度会减少很多。

第 1 节 10~12月龄宝宝的生长发育

10 ~ 12 月龄的宝宝已处于婴儿期的最后阶段，体格生长速度不如之前的几个月，但运动发育和语言发育迅速，有的宝宝已经可以迈出人生的第一步了。

1 体格发育

体重每月平均增加 500 克左右，身长平均每月增加 1 ~ 1.6 厘米。纯母乳喂养的宝宝体重测量值可参考《世界卫生组织儿童生长标准（2006 年）》（见书后附录）。混合喂养和人工喂养的宝宝，身长和体重测量值可参考我国卫生部 2009 年发布的《儿童生长发育参照标准》（见书后附录）。

2 运动发育

10 月龄

- 已能自由地爬到想去的地方。
- 可以从坐位变成俯卧位，或从俯卧变成坐位。
- 有的宝宝可扶走。
- 拇指和食指能协调地拿起小东西。
- 喜欢用拇指和食指试探、戳、扯拉东西。
- 喜欢用食指涂写。
- 穿衣服时知道配合伸手、伸脚。

11 ~ 12 月龄

- 可独自站片刻。
- 会爬台阶、推车走。
- 能很灵活地摆弄玩具。
- 能从容器中拿、放物体。
- 自己动手的意识越来越强，手指动作更精细。
- 会翻书。

3 语言发育

10月龄	11月龄	12月龄
• 能模仿大人说些简单的词。 • 能掌握词的意思。 • 喜欢与人交往。	• 能把语言和表情结合起来。 • 开始说“不”和单个的动词。	• 常常会说一些莫名其妙的语言，或用一些手势及姿势传达意思。 • 能叫出物体的名字，如“灯”“碗”等。

第 2 节 10~12月龄辅食添加要点

1 10~12 月龄宝宝的营养需求

10 ~ 12 月龄的宝宝每日膳食营养素适宜摄入量与 7 ~ 9 月龄时基本没有变化，只是脂肪在总能量供应中的比例从 45% ~ 50% 下降为 35% ~ 40%。

2 10~12 月龄添加辅食的目的

这一阶段宝宝营养的供给，由出生时以乳类为主渐渐过渡到乳类提供一半或更多营养、辅食提供一半营养。

为宝宝选择一些能用牙床磨碎的食物，比如馒头片、面包片、小馄饨、水果沙拉、苹果片等，让他练习舌头左右活动和用牙床咀嚼食物的能力，促进咀嚼肌的发育和牙齿的萌出，以及颌骨的正常发育和塑形，提高胃肠道功能及消化酶的活性。

3 10~12 月龄宝宝吃的本领

10 月龄的宝宝牙齿一般已经出了 4 ~ 6 颗，上边 4 颗切齿，下边 2 颗切齿，但也有发育正常的宝宝 10 月龄才开始出牙。这一阶段，宝宝的舌头不仅能前后上下活动，而且能够左右活动了。不能用舌头碾碎的食物，可以推到口腔的左右部，用牙床咀嚼。

温馨提示

宝宝这时刚开始学习自己吃饭，所以真正吃到嘴里的东西可能少之又少。但不能因为这个就剥夺了宝宝练习的机会。父母可以多准备出一份饭，等他练习完了，再喂给他吃。

这一阶段宝宝已经可以用拇指和食指拿东西，非常喜欢用手抓食物吃，而且总是边吃边玩，会把自己和周围环境弄得很脏（其实宝宝是在体验手抓食物的感觉，这样做有助于宝宝手眼协调能力的提高和触觉的发育）。看着吃得满身满脸的宝宝和撒落在地上的食物，妈妈很可能会大为恼火。先别急，给他准备一个围兜，提前在地上铺些报纸，收拾的难度会减少很多。如果宝宝已经能够很好地将手里的食物放入嘴里，就可以开始学习用勺吃饭、用杯子喝奶了。

4 10~12月龄每日添加次数

一日饮食安排向2～3餐辅食、3～4次奶转变，逐渐增加辅食的量，每日饮奶量约600毫升。一日饮食可这样安排：

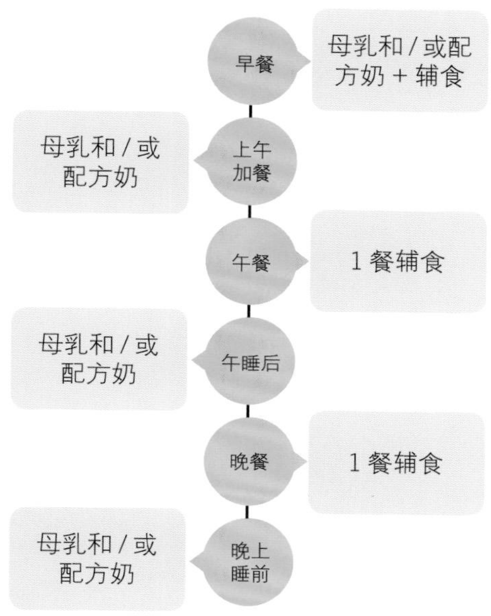

5 养成良好的饮食习惯

10～12月龄的宝宝活动能力增强，可自由活动的范围扩大，有些宝宝不喜欢一直坐着不动，包括吃饭的时候也是如此。若出现这样的情况，在吃饭前最好先把能够吸引宝宝的玩具等东西收好。当宝宝吃饭时出现扔汤匙的情况，家长要表示出不喜欢宝宝这样做。如果宝宝仍反复扔就不要再让宝宝吃饭了。最好收拾起饭桌，更不要到处追着给宝宝喂饭，以培养宝宝良好的饮食习惯。

让宝宝和大家一起坐在餐桌旁用餐，既给宝宝学习的机会又能增加乐趣。餐桌上的成人食物对宝宝来说充满了诱惑，但放了太多调味料的食物不太适合宝宝吃，也不适合正在进行母乳喂养的妈妈，还是要单独为宝宝准备调料少且煮软的食物。

第3节 更丰富的主食

1.【学习咀嚼】

肉末儿软饭

适用月龄 10月龄以上。

所需食材 肉末儿（鸡肉或小里脊肉）10克，油菜叶3～5片，粳米正常蒸饭量，植物油5～10克。

制作方法

❶ 将米淘洗两遍，放入电饭锅中，多放一些水，蒸成软饭。

❷ 将油菜叶洗净，切成碎段儿。

❸ 将炒锅内放入植物油，油热后放入肉末儿和油菜叶煸炒至熟。

❹ 将米饭盛出，将炒熟的肉末儿和油菜叶放入米饭中拌匀即可。

营养点评 米饭是宝宝热量的重要来源，米饭中的淀粉最终转化为葡萄糖，为宝宝生长发育和日常运动提供能量；鸡肉是优质蛋白质的供给者；瘦肉中含有钙、铁、锌；油菜中含有食物粗纤维和维生素C、B族维生素和少量钠离子等营养素。这道主食有利于训练宝宝的咀嚼功能。

温馨提示

软饭可以作为宝宝的基本主食，搭配各种各样的肉、菜，就像成人的盖浇饭，宝宝会非常喜欢。

2.【保护眼睛】

豌豆尖鸡肝面

适用月龄 10月龄以上。

所需食材 豌豆尖10克，鸡肝5克，婴幼儿面条，植物油5～10克，水适量。

制作方法

❶ 将豌豆尖洗净，取嫩叶和嫩茎，切成碎段儿。

❷ 将鸡肝洗净，冲掉血水，切成小薄片儿。

❸ 锅内倒入适量开水，将婴幼儿面条掰成小短条儿，放入锅里煮。

❹ 等面条快熟时放入豌豆尖和鸡肝，鸡肝变色便可出锅。

营养点评 豌豆尖清香柔嫩，鸡肝的口感也很细腻。豌豆尖富含胡萝卜素，进入人体后可以转化为维生素A，鸡肝更是维生素A的宝库，二者搭配对宝宝的视觉发育非常有益。

3.【手眼协调】

菜末儿鸡蛋饼

适用月龄 10月龄以上。

所需食材 油菜叶或菠菜叶3～5片，生鸡蛋1个，植物油5～10克。

制作方法

❶ 将菜叶洗净，切成碎末儿状。

❷ 将鸡蛋磕入瓷碗内，加入菜末，打匀。

❸ 炒锅内放入极少量油，使薄薄一层油铺在锅底，油热后将鸡蛋液均匀地平铺在锅底成薄饼状。

❹ 小火将饼烤熟一面，翻到另一面。

❺ 盛出，切成（1~2）厘米×（2~3）厘米的小条放在小盘内，让宝宝自己用手抓着吃，锻炼宝宝的手－眼协调能力。

温馨提示

宝宝自己抓食物吃到嘴里会有一种新奇感，而且锻炼了宝宝的手－眼、手－口的协调和自助能力。

4.【润肺止咳】

什蔬软饼

适用月龄 11 月龄以上。

所需食材 西葫芦、胡萝卜、西红柿各适量，面粉 50 克，生鸡蛋 1 个，植物油 5 ~ 10 克。

制作方法

❶ 将西葫芦、胡萝卜洗净、去皮、擦成丝，西红柿去皮，切成黄豆大小的丁儿备用。

❷ 在面粉中加入 1 个生鸡蛋调成糊状。

❸ 将西葫芦丝、胡萝卜丝、西红柿丁儿倒入面糊糊中混合均匀，然后倒入有少许油的热锅中烙熟。

营养点评 西葫芦皮薄、肉厚、汁多，可荤可素、可菜可馅，有清热利尿、除烦止渴、润肺止咳的功能。

5.【补充能量】

烤薯饼

适用月龄 11 月龄以上。

所需食材 熟的土豆泥或红薯泥或山药泥中的一种，生鸡蛋 1 个，植物油 5 ~ 10 克。

制作方法

1. 将生鸡蛋磕开，调入土豆泥中（或红薯泥或山药泥等均可）中。
2. 将土豆泥切成约 1 厘米 ×4 厘米的小条儿，用饼铛烤熟。
3. 将烤好的土豆饼放在小盘内，请宝宝自取、自咬、自吃、自乐!

营养点评 土豆中含有蛋白质，且质量接近动物性蛋白质，含有人体必需的 8 种氨基酸；同时还含有多种维生素，尤其是维生素 C，可以经常给宝宝食用。红薯和山药营养也都非常丰富，既有丰富的碳水化合物，又富含维生素 A、维生素 C、钾、铁等营养素，应经常给宝宝食用。

6.【补锌美味】

柳叶面片儿

适用月龄 11 月龄以上。

所需食材 标准面粉、水各适量。

制作方法

❶ 在标准粉中加入凉水，揉成面团。

❷ 取一块儿猕猴桃大小的面团，擀成大薄片儿。

❸ 横向切成 1 厘米宽的小条儿，再斜着切成 2 厘米刀距的斜条儿。这样，每个小面片儿就成了平行四边形了，即可取一些给宝宝煮柳叶面片儿吃了。

❹ 其余的面片儿晾干后放入能封闭的专用食品袋内，放入冰箱冷冻室内以备食用。

❺ 可以做些西红柿鸡蛋卤或肉末香菇茄子卤拌在面片儿里给宝宝吃。

营养点评 自制的柳叶面片儿是用标准粉，含有较多的食物粗纤维、钙、锌、B 族维生素等，营养较丰富。在制作过程中不会添加防腐剂、增白剂等，吃起来安全放心。也可以在面粉中放入胡萝卜汁、菠菜汁等，既好看又营养。

7.【补充蛋白质】

鲜肉小馄饨

适用月龄 11月龄以上。

所需食材 肥瘦适中的猪肉馅、馄饨皮、肉汤、紫菜各适量，植物油5～10克。

制作方法

❶ 在肉馅儿中放入适量植物油，拌匀。

❷ 把肉馅包在馄饨皮内。

❸ 用肉汤煮馄饨，出锅前撒上紫菜。

也可以将虾仁、水发木耳和已经炒熟的鸡蛋切成碎粒儿，拌入肉馅儿中，做成三鲜馄饨。

营养点评 紫菜可口，易消化，营养价值也高，蛋白质含量超过海带，并含有较多的胡萝卜素和维生素B_1、维生素B_2，钙、钾、铁、硒的含量也非常高。

温馨提示

紫菜一定要撕碎，以免宝宝吃的时候卡在嗓子里。馄饨可以一次多包一些，冻在冰箱里，方便下次食用。

8.【补充维生素C】

猪肉荠菜饺子

适用月龄 11月龄以上。

所需食材 饺子皮适量，猪肉馅儿和荠菜按1：3的比例配好，植物油5～10克。

制作方法

❶ 将荠菜洗净、去根，切成碎末儿，拌入猪肉馅内，加入适量植物油搅拌均匀。

❷ 将饺子馅包入饺子皮中，下锅煮熟即可食用。

9.【补充维生素】

胡萝卜皮青菜饺子

适用月龄 11 月龄以上。

所需食材 标准面粉、胡萝卜适量，猪肉馅儿和青菜按 1 ：3 的比例配好，植物油 5 ~ 10 克。

制作方法

❶ 将胡萝卜洗净、去皮，切成块儿榨汁。

❷ 把榨好的胡萝卜汁加入面粉中，用手揉匀。

❸ 将青菜用热水烫过后捞起，用冷水冷却后切碎与肉馅一起拌匀，加入适量植物油。

❹ 将和好的面擀成饺子皮，包入饺子馅儿。

❺ 将包好的饺子煮熟，让宝宝练习自己吃。

温馨提示

给宝宝吃的饺子最开始可以包得小一点儿，以便宝宝可以用手抓着吃。

10.【营养盛宴】

自制布丁

适用月龄 11 月龄以上。

所需食材 鸡蛋黄 1 个，全麦面包屑、水果丁少许，沙拉油、配方奶适量。

制作方法

❶ 将生鸡蛋黄在碗内打匀，加入面包屑、水果丁、适量配方奶后充分搅匀。

❷ 取 2~3 个内壁光滑的小碗或小杯，杯内壁涂一层厚厚的沙拉油，倒入已搅匀的麦屑糊（装得不可太满，2/3 杯即可）。

❸ 上锅蒸 10~15 分钟，起锅后将小杯中的布丁倒置扣入一个小盘中，温凉后即可食用。

营养点评 全麦面包屑中含食物粗纤维及维生素、矿物质，配方奶、鸡蛋黄中含有丰富的蛋白质、脂肪、维生素 A、维生素 B_1、维生素 B_2，钙、磷、铁、锌、硒等营养素。一个小布丁既可以补充能量，又可以补充优质蛋白质和多种维生素、矿物质，一举多得。

第 4 节 更美味的主菜

1.【补充蛋白质】

红烧豆腐

适用月龄 10 月龄以上。

所需食材 北豆腐 1 块儿，植物油 5 ~ 10 克，水淀粉适量。

制作方法

❶ 先将北豆腐切成黄豆大小的碎丁儿，用开水焯一下，然后沥去水分。

❷ 炒锅内放植物油，油热后煸炒豆腐，然后加少许水焖透。

❸ 加入调好的水淀粉，大火片刻，炒匀起锅。

营养点评 此道菜也可以加些鸡肉末儿与豆腐同炒，使之既有动物蛋白又有植物蛋白。

2.【补血排毒】

红烧血豆腐

适用月龄 10月龄以上。

所需食材 鸡血或鸭血（俗称“血豆腐”）1块儿，植物油5～10克，水淀粉少许。

制作方法

❶ 将鸡血或鸭血（俗称血豆腐）洗净，用清水浸泡，在水中放少许食盐，将其中的有害物质尽量泡出来。

❷ 沥干水分，切成黄豆大小的碎丁儿，放入开水中煮沸20分钟，注意一定要彻底熟透才能出锅。

❸ 炒锅中加入植物油，油热后放入血豆腐煸炒片刻，加适量水淀粉至汁浓，起锅。

营养点评 此道菜肴为宝宝补血佳品。血豆腐中的蛋白质易消化吸收，含铁量高，而且此种铁为与血红素结合的铁，易吸收。猪血浆蛋白被人体消化吸收后能分解出一种解毒和滑肠的物质，这种物质与侵入胃、肠道中的粉尘及有害金属微粒发生化学反应，随同大便迅速排出体外，从而可以有力地消除尘毒对人体的危害。

3.【补充维生素A】

里脊炒南瓜丁儿

适用月龄 11月龄以上。

所需食材 猪里脊肉15克，大小适中的南瓜1/4个，香葱末少许，橄榄油5～10克。

制作方法

❶ 将里脊切成碎肉丁儿，南瓜去皮，切成小丁儿。

❷ 热锅放入少许橄榄油，放入切好的里脊丁儿翻炒。

❸ 放入南瓜丁儿，翻炒均匀后盖上锅盖至南瓜软烂，撒入香葱末，出锅。

营养点评 里脊肉中含有维生素A，南瓜中含有维生素A原，荤素搭配更容易帮助宝宝吸收。

4.【补血明目】

红枣枸杞蒸猪肝

适用月龄 11月龄以上。

所需食材 猪肝15克，红枣1～2枚，枸杞3～5颗，水淀粉少许。

制作方法

❶ 先用水将猪肝泡30分钟，然后用流动的水冲洗干净，去筋膜，切成小薄片儿泡入水中备用。

❷ 红枣、枸杞子清洗干净。

❸ 将以上食材放入碗中，用水淀粉抓一下，然后放入锅中蒸10～15分钟即可。

营养点评 猪肝的营养价值非常高，不仅含有丰富的动物蛋白质（19.3克/100克），而且维生素和矿物质的含量也很高。每100克猪肝含视黄醇4972微克、维生素B_2 2.08毫克、烟酸15.0毫克、维生素C20毫克、铁22.6毫克、锌5.78毫克、硒19.21微克，有助于宝宝的大脑和视觉发育，还可以预防贫血。红枣和枸杞的搭配不仅可改善口味，更可强化滋补功效。也可以把猪肝换成鸭肝或鸡肝。

温馨提示

喂宝宝吃的时候可以把猪肝片碾碎一些，看看硬度和大小宝宝是否能接受。红枣也可以去皮、去核，把红枣肉喂给宝宝吃。

5.【优质蛋白质】

肉末儿炒虾粒儿

适用月龄 11月龄以上。

所需食材 肥瘦猪肉末儿15克，新鲜的基围虾3只，植物油5～10克。

制作方法

❶ 挑选新鲜的基围虾，去掉虾头、虾背部的虾线和虾壳，清洗干净，将虾仁切成小粒儿。

❷ 锅置火上，放入植物油，油热后先放入肥瘦猪肉末儿煸炒，然后放入虾粒儿一起翻炒，虾肉变为白色即可。

营养点评 猪肉和虾都是优质蛋白质的良好来源，对宝宝的大脑和身体发育都非常有益。

6.【增强免疫力】

适用月龄 10月龄以上。

所需食材 鸡胸脯肉15克，茄子1/2个，北豆腐1块儿，植物油5～10克，水淀粉、香菜末儿少许。

制作方法

❶ 将鸡肉洗净，切成黄豆大小的碎丁儿，用水淀粉抓匀。

❷ 茄子洗净、去皮，也切成碎丁儿。

❸ 豆腐用水冲一下，切成碎丁儿。

❹ 炒锅内加入植物油，油热后先将鸡肉丁炒熟，然后加入茄子丁儿、豆腐丁儿翻炒片刻，加少许水焖透。

❺ 放入香菜末儿，起锅。

营养点评 鸡肉属于高蛋白、低脂肪的食物，易被人体吸收利用，而且维生素A的含量比牛肉和猪肉高许多。茄子是少有的紫色蔬菜，含有多种维生素和钙、磷、钾等矿物质，夏天食用可清热解暑，对于容易长痱子、生疮疖的宝宝尤为适宜。

温馨提示

鸡肉性温、助火，感冒发热、内火偏旺、肥胖、口腔糜烂、皮肤疖肿、大便秘结的宝宝不宜食用。茄子性寒凉，容易腹泻的宝宝不宜多吃。

7.【预防贫血】

肉末儿炒苋菜

适用月龄 11月龄以上。

所需食材 瘦猪肉末儿15克，苋菜1～2棵，橄榄油5～10克。

制作方法

1. 将苋菜洗净，去根，切碎。
2. 锅置火上，放入少量橄榄油，放入瘦肉末儿炒熟。
3. 放入碎苋菜，与瘦肉末儿翻炒均匀即可。

营养点评 苋菜富含胡萝卜素（2110微克/100克）和维生素C（47毫克/100克），维生素B_2、钙、钾、镁、铁的含量也比较高，但因为含有较多的草酸，钙的吸收率低。瘦猪肉含有丰富的优质蛋白质和维生素B_1、维生素B_2、钾、铁、锌、硒等营养素，二者搭配，苋菜中的维生素C可促进猪肉中的血红素铁的吸收。

8.【强身健骨】

清蒸黄花鱼

适用月龄 10月龄以上。

所需食材 黄花鱼1条，葱、姜少许。

制作方法

1. 将黄花鱼洗净，去鳞、鳃、肠等，再次冲洗干净，控净水，切成3段。
2. 葱、姜切丝，放入鱼腹里。
3. 蒸锅烧开，将鱼放在锅里，大火蒸10分钟，再转小火蒸2～3分钟取出。
4. 稍凉，剔除鱼刺即可。

营养点评 黄花鱼肉嫩味鲜，富含优质蛋白质（17.7克/100克）和钙（53毫克/100克）、硒（42.57微克/100克）等矿物质，营养价值很高，对人体有很好的补益作用。中医认为，黄花鱼有健脾升胃、安神止痢、益气填精之功效，对贫血、食欲不振有良好的疗效。

9.【健脾排毒】

适用月龄 10月龄以上。

所需食材 淮山药，黄金瓜（南瓜的一种），大枣，草莓，酸奶。

制作方法

❶ 取淮山药、黄金瓜上锅蒸熟，去皮，切成1.5厘米见方的块儿。

❷ 大枣洗净蒸熟，去皮、去核、碾成泥。

❸ 备一白色盘子，将枣泥在盘底摆成正方形，约0.5厘米厚。

❹ 取蒸熟的山药，摆成4个方块，水平方向分两排摆放在枣泥上。

❺ 再取蒸熟的黄金瓜3个方块成三角形搭在山药块的上面。

❻ 最后将草莓放在最顶端，将酸奶缓缓倒下来，盖满整个4层宝塔即可。

营养点评 淮山药含有氨基酸、蛋白质、葡萄糖、B族维生素、维生素C和维生素E，可健脾、提高抵抗力；大枣含有果糖、果胶、钙、铁、磷、烟酸、维生素B_2，可以促进白细胞的形成，提高免疫力，且可改善贫血；黄金瓜富含碳水化合物、维生素A（含视黄醇极高）、B族维生素、维生素E、叶酸、泛酸、烟酸等，还含有锌、钙、铁、钾、硒等矿物质，尤其含有大量果胶，有很强的吸附作用，可以帮助清除体内有害物质。

10.【补充维生素C】

多彩蔬果沙拉

适用月龄 10月龄以上。

所需食材 草莓、猕猴桃、苹果、西红柿、酸奶各适量。

制作方法

❶ 将苹果、猕猴桃和西红柿洗净、去皮，切成丁儿。

❷ 草莓洗净，切成丁儿。

❸ 将苹果丁、草莓丁、西红柿丁、猕猴桃丁用酸奶拌匀即可。

营养点评 口感酸甜，可在餐后为宝宝添加，补充足量的维生素C。

11.【促进视觉发育】

胡萝卜丝虾皮汤

适用月龄 10月龄以上。

所需食材 胡萝卜1/2根，虾皮、香菜末少许，植物油5 ~ 10克，水适量。

制作方法

❶ 先将虾皮用温开水浸泡20分钟，沥去水分。

❷ 胡萝卜洗净、去皮，切成5 ~ 7毫米长的细丝。

❸ 锅置火上，炒锅中放少许植物油，煸炒已经处理好的虾皮，至虾皮颜色变黄，加入胡萝卜丝翻炒。

❹ 加水150~200毫升，盖上锅盖，焖3~5分钟，不加盐，放少许香菜末起锅。

营养点评 胡萝卜中含有丰富的β-胡萝卜素，β-胡萝卜素又称为“维生素A原”，它在体内可以转化维生素A，维生素A可以参与人体眼视网膜内视紫质的合成，参与体内各种上皮组织的维护和骨骼代谢等。维生素A为脂溶性，因此胡萝卜最好炒熟或炖熟吃。虾皮含钙量非常高，但钠含量也高，所以用之前一定要用水泡一段时间，而且不宜多吃。

12.【优质蛋白质】

胡萝卜豆腐汤

适用月龄 10月龄以上。

所需食材 北豆腐1块儿，胡萝卜1/2根，植物油5～10克。

制作方法

❶ 将北豆腐切成黄豆大小的碎丁儿，用开水焯一下。

❷ 将胡萝卜切成5～7毫米长的细丝。

❸ 炒锅中加入植物油，油热后加入胡萝卜丝煸炒，再加入焯过的豆腐继续翻炒，加少量水，煮5~10分钟起锅。

营养点评 豆腐属优质植物蛋白，含有钙、铁、锌和少量的维生素。宝宝一次食量不宜过多，以免腹胀。

13.【促进生长】

紫菜虾粒汤

适用月龄 10月龄以上。

所需食材 基围虾2~3只，干紫菜、香菜少许，植物油5～10克。

制作方法

❶ 将虾去皮、去头，去除背部的沙线，切成粒状。

❷ 香菜洗净，去根，切成碎末儿。

❸ 炒锅内加植物油，油热后放入虾粒儿煸炒，然后放入200毫升水，焖煮5~6分钟。

❹ 待虾肉熟透后加入紫菜，汤水再沸后加一点点香菜末儿，起锅即可食用。

营养点评 基围虾和紫菜有一个共同的特点，就是优质蛋白质、硒和钙的含量都很高：每100克基围虾含蛋白质18.2克、硒39.70微克、钙83毫克，每100克紫菜含蛋白质26.7克、硒7.22微克、钙264毫克。蛋白质和钙是宝宝生长发育最重要的营养物质之一，而硒可以与人体内的汞、铅等金属结合，具有很好的解毒、排毒作用。除此之外，紫菜还含有丰富的碳水化合物、不溶性膳食纤维、胡萝卜素和B族维生素和铁（54.9毫克/100克）等矿物质。紫菜虾粒汤既可以给宝宝补充优质蛋白质，还可以补钙补铁、清除毒素。

第 5 节 10~12月龄营养配餐举例

经过前两个阶段的积累，宝宝可添加的食物种类更多了，这时要特别注意宝宝饮食的均衡，即每天的饮食都要有奶、饭、肉、蛋、菜、豆制品、水果等 。

1 食物的种类与比例

10 ~ 12 月龄的宝宝，母乳或配方奶所提供的营养比例有所减少，但每日总奶量仍应保证 600 毫升左右。辅食的添加种类和前一阶段相比并无变化，但添加量明显增加，与前两个阶段一样，本阶段依然是强调动物性食物的足量摄入，其次是保证一定量的谷类食物和蔬菜水果。

营养供给比例

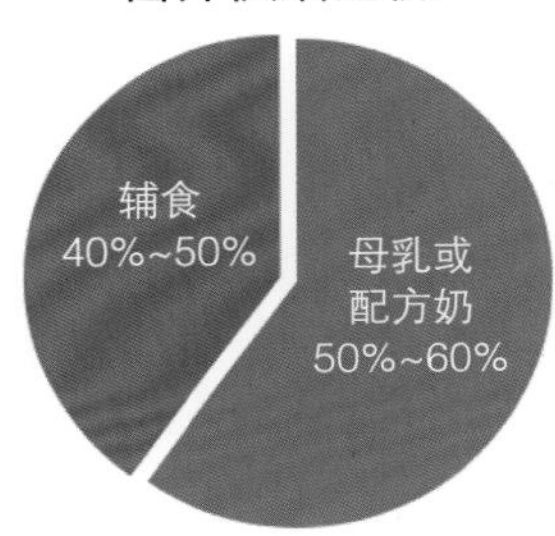

2 春季 1 周营养配餐举例

周一

早餐：母乳和 / 或配方奶 + 枣泥小米粥 + 水果蛋羹

加餐：母乳和 / 或配方奶

午餐：肉末儿软饭 + 胡萝卜丝虾皮汤

加餐：母乳和 / 或配方奶 + 蒸红枣

晚餐：枣泥小米粥 + 肉末儿炒油菜

晚上睡前：母乳和 / 或配方奶

周二

早餐：母乳和 / 或配方奶 + 山药粥 + 家常蛋羹

加餐：母乳和 / 或配方奶

午餐：豌豆尖鸡肝面

加餐：母乳和 / 或配方奶 + 苹果片儿

晚餐：山药粥 + 肉末儿炒油菜

晚上睡前：母乳和 / 或配方奶

周三

早餐：母乳和/或配方奶+鲜肉小馄饨+苹果片儿

加餐：母乳和/或配方奶

午餐：肉末儿软饭+菠菜鸡蛋汤

加餐：母乳和/或配方奶+银耳百合炖雪梨

晚餐：菠菜粥+红烧豆腐

晚上睡前：母乳和/或配方奶

周四

早餐：母乳和/或配方奶+芋头粥+菜末儿蛋羹

加餐：母乳和/或配方奶

午餐：猪肉荠菜饺子

加餐：母乳和/或配方奶+银耳百合炖雪梨

晚餐：胡萝卜粥+毛豆泥

晚上睡前：母乳和/或配方奶

周五

早餐：母乳和/或配方奶+香菇鸡肉粥+草莓

加餐：母乳和/或配方奶

午餐：菜末儿软饭+清蒸黄花鱼

加餐：母乳和/或配方奶+樱桃桂花银耳羹

晚餐：西红柿鸡蛋面

晚上睡前：母乳和/或配方奶

周六

早餐：母乳和/或配方奶+菠菜鸡蛋面+虾粒蛋羹

加餐：母乳和/或配方奶

午餐：菜末儿软饭+红烧血豆腐

加餐：母乳和/或配方奶+苹果片儿

晚餐：柳叶面片儿

晚上睡前：母乳和/或配方奶

周日

早餐：母乳和/或配方奶+鲜肉小馄饨+雪梨条

加餐：母乳和/或配方奶

午餐：菜末儿软饭+肉末儿炒虾粒儿

加餐：母乳和/或配方奶+银耳百合炖雪梨

晚餐：小米粥+什蔬软饼

晚上睡前：母乳和/或配方奶

3 夏季1周营养配餐举例

周一

早餐：母乳和／或配方奶＋绿豆粥＋水果蛋羹

加餐：母乳和／或配方奶

午餐：肉末儿软饭＋红烧血豆腐

加餐：母乳和／或配方奶＋西瓜

晚餐：绿豆粥＋肉末儿小白菜

晚上睡前：母乳和／或配方奶

周二

早餐：母乳和／或配方奶＋薏米大米粥＋虾粒蛋羹

加餐：母乳和／或配方奶

午餐：菠菜鸡肝面

加餐：母乳和／或配方奶＋草莓

晚餐：薏米大米粥＋黄瓜炒鸡蛋

晚上睡前：母乳和／或配方奶

周三

早餐：母乳和／或配方奶＋鲜肉小馄饨＋清炒芥蓝

加餐：母乳和／或配方奶

午餐：肉末儿软饭＋冬瓜丸子汤

加餐：母乳和／或配方奶＋木瓜

晚餐：荷叶粥＋红烧豆腐

晚上睡前：母乳和／或配方奶

周四

早餐：母乳和／或配方奶＋绿豆莲子粥＋肉末儿蛋羹

加餐：母乳和／或配方奶

午餐：胡萝卜皮青菜饺子

加餐：母乳和／或配方奶＋枇杷冰糖饮

晚餐：西红柿面片儿

晚上睡前：母乳和／或配方奶

周五

早餐：母乳和／或配方奶＋薏米大米粥＋草莓

加餐：母乳和／或配方奶

午餐：菜末儿软饭＋清蒸黄花鱼

加餐：母乳和／或配方奶＋绿豆沙

晚餐：薏米大米粥＋菜末儿鸡蛋饼

晚上睡前：母乳和／或配方奶

周六

早餐：母乳和／或配方奶＋
荷叶粥＋虾粒蛋羹

加餐：母乳和／或配方奶

午餐：菜末儿软饭＋肉末儿炒虾粒儿

加餐：母乳和／或配方奶＋西瓜

晚餐：柳叶面片儿

晚上睡前：母乳和／或配方奶

周日

早餐：母乳和／或配方奶＋
鲜肉小馄饨＋清炒小白菜

加餐：母乳和／或配方奶

午餐：菜末儿软饭＋里脊炒南瓜丁儿

加餐：母乳和／或配方奶＋椰汁

晚餐：小米粥＋什蔬软饼

晚上睡前：母乳和／或配方奶

4 秋季1周营养配餐举例

周一

早餐：母乳和／或配方奶＋
二米粥＋水果蛋羹

加餐：母乳和／或配方奶

午餐：肉末儿软饭＋红烧血豆腐

加餐：母乳和／或配方奶＋苹果片儿

晚餐：二米粥＋清炒西蓝花

晚上睡前：母乳和／或配方奶

周二

早餐：母乳和／或配方奶＋
山药粥＋虾粒蛋羹

加餐：母乳和／或配方奶

午餐：菜末儿软饭＋红枣枸杞蒸猪肝

加餐：母乳和／或配方奶＋银耳百合炖雪梨

晚餐：山药粥＋肉末儿炒胡萝卜

晚上睡前：母乳和／或配方奶

周三

早餐：母乳和／或配方奶＋
鲜肉小馄饨＋银耳百合炖雪梨

加餐：母乳和／或配方奶

午餐：肉末儿软饭＋冬瓜丸子汤

加餐：母乳和／或配方奶＋葡萄

晚餐：菜末儿粥＋红烧豆腐

晚上睡前：母乳和／或配方奶

周 四

早餐：母乳和 / 或配方奶 +
胡萝卜粥 + 肉末儿蛋羹

加餐：母乳和 / 或配方奶

午餐：三鲜饺子

加餐：母乳和 / 或配方奶 + 香蕉

晚餐：西红柿面片儿

晚上睡前：母乳和 / 或配方奶

周 五

早餐：母乳和 / 或配方奶 +
芋头粥 + 蒸红枣

加餐：母乳和 / 或配方奶

午餐：菜末儿软饭 + 清蒸黄花鱼

加餐：母乳和 / 或配方奶 + 蒸红枣

晚餐：芋头粥 + 菜末儿鸡蛋饼

晚上睡前：母乳和 / 或配方奶

周 六

早餐：母乳和 / 或配方奶 +
紫菜粥 + 虾粒蛋羹

加餐：母乳和 / 或配方奶

午餐：菜末儿软饭 + 肉末儿炒虾粒儿

加餐：母乳和 / 或配方奶 + 橙汁

晚餐：柳叶面片儿

晚上睡前：母乳和 / 或配方奶

周 日

早餐：母乳和 / 或配方奶 +
鲜肉小馄饨 + 清炒西蓝花

加餐：母乳和 / 或配方奶

午餐：菜末儿软饭 + 里脊炒南瓜丁儿

加餐：母乳和 / 或配方奶 + 猕猴桃

晚餐：小米粥 + 什蔬软饼

晚上睡前：母乳和 / 或配方奶

5 冬季1周营养配餐举例

周 一

早餐：母乳和 / 或配方奶 +
二米粥 + 水果蛋羹

加餐：母乳和 / 或配方奶

午餐：肉末儿软饭 + 红烧血豆腐

加餐：母乳和 / 或配方奶 + 苹果片儿

晚餐：二米粥 + 清炒油菜

晚上睡前：母乳和 / 或配方奶

周二

早餐：母乳和/或配方奶+山药粥+虾粒蛋羹

加餐：母乳和/或配方奶

午餐：菜末儿软饭+红枣枸杞蒸猪肝

加餐：母乳和/或配方奶+银耳百合炖雪梨

晚餐：山药粥+肉末儿炒胡萝卜

晚上睡前：母乳和/或配方奶

周三

早餐：母乳和/或配方奶+鲜肉小馄饨+银耳百合炖雪梨

加餐：母乳和/或配方奶

午餐：肉末儿软饭+冬瓜丸子汤

加餐：母乳和/或配方奶+银耳百合炖雪梨

晚餐：菜末儿粥+红烧豆腐

晚上睡前：母乳和/或配方奶

周四

早餐：母乳和/或配方奶+胡萝卜粥+肉末儿蛋羹

加餐：母乳和/或配方奶

午餐：猪肉白菜饺子

加餐：母乳和/或配方奶+香蕉

晚餐：西红柿面片儿

晚上睡前：母乳和/或配方奶

周五

早餐：母乳和/或配方奶+芋头粥+蒸红枣

加餐：母乳和/或配方奶

午餐：肉末儿软饭+萝卜丝鲫鱼汤

加餐：母乳和/或配方奶+蒸红枣

晚餐：芋头粥+什蔬软饼

晚上睡前：母乳和/或配方奶

周六

早餐：母乳和/或配方奶+紫菜粥+虾粒蛋羹

加餐：母乳和/或配方奶

午餐：菜末儿软饭+肉末儿炒虾粒儿

加餐：母乳和/或配方奶+橙汁

晚餐：柳叶面片儿

晚上睡前：母乳和/或配方奶

周 日

早餐：母乳和 / 或配方奶 + 鲜肉小馄饨 + 清炒油菜	加餐：母乳和 / 或配方奶
午餐：菜末儿软饭 + 里脊炒南瓜丁儿	加餐：母乳和 / 或配方奶 + 橘子
晚餐：小米粥 + 烤薯饼	晚上睡前：母乳和 / 或配方奶

第5章

辅食添加第4阶（1～2岁）

从辅食向主食转变

经过前几个月的辅食添加训练，宝宝的饮食可以逐渐向成人饮食过渡啦。成人饮食中的油盐酱醋宝宝都可以尝试，但由于宝宝的肾脏和肝脏功能都还比较弱，乳牙还未出齐，饮食还是要注意低盐、少油、软烂。这个阶段宝宝更加调皮，可以利用食物颜色的搭配和形状的变化来吸引宝宝。

这个时期是宝宝语言发育的关键时期，在吃辅食的过程中宝宝的口腔发育也同时得到了促进，为开口说话做好准备。

第1节 1~2岁宝宝的生长发育

1 ~ 2岁的宝宝生长发育仍然非常旺盛，但较婴儿期体格发育的速度稍有减慢，而智能发育较快，语言、思维和社会交往能力增强。

1 体格发育

1岁以后体重增长速度减慢，全年增加2.5 ~ 3.0千克，至2岁时体重约12千克，是出生时的4倍；2岁以后体重增长变慢，每年约增长2.4千克。

1 ~ 6岁体重估算公式：年龄（岁）×2+8千克

身高的增长规律与体重相似，出生第一年增长最快，1岁时身高约为出生时的1.5倍；第二年，即1 ~ 2岁身高增长速度减慢，年增长10厘米左右；2岁以后身高每年增长5 ~ 7厘米，3岁时身长约为100厘米，为出生时身长的2倍。

2岁以后身高的估计公式：年龄（岁）×7（厘米）+70厘米

2 感知觉发育

13 ~ 16月龄的宝宝可寻找不同高度的声源，听懂叫自己的名字。1岁半的宝宝已能区别各种形状，2岁可区别垂直线与横线，2 ~ 3岁的宝宝可辨别物体的属性，比如软、硬、冷、热等，3岁时可临摹几何图形。

3 运动发育

12 ~ 15月龄开始学用匙，乱涂画；15月龄时自己可以走得比较稳。18月龄时会叠2 ~ 3块方积木，可跑和倒退走。2岁时会叠6 ~ 7块方积木，会翻书，会双足并跳。

4 语言发育

12 ~ 18月龄的宝宝对成人语言的理解能力迅速发展，会用单词，词汇增加到20个，能使用词表达自己的愿望或与他人进行交往，比如用“抱抱”表示“妈妈抱抱我”。18 ~ 24月龄的宝宝逐渐学会说2 ~ 3个词组成的简单句，如“妈妈坐”“妈妈饿”等，词汇增加到数百个，模仿能力增加，交流内容增多。

第2节 1~2岁辅食添加要点

1 1~2岁宝宝的营养需求

幼儿期的生长发育速度虽较婴儿期有所减慢，但幼儿期仍然属于快速生长阶段，对营养物质的需求仍相对较高。宝宝已经能够独立行走、会跑跳，活动能力和活动范围日渐扩大，热量消耗增多，每日需要能量800～900千卡，约为成人的40%；矿物质和维生素的需要量，除了铁、碘和维生素A、维生素D、维生素C之外，其余的较前一阶段均有增长。

1～2岁膳食维生素、矿物质每日推荐摄入量（RNI）

维生素		矿物质	
维生素A	从350μg RAE减少到310μg RAE	钙	从250mg增加到600mg
维生素D	10μg	磷	从180mg增加到300mg
维生素E	从4mg α-TE增加到6mg α-TE	钾	从550mg增加到900mg
维生素C	40mg	钠	从350mg增加到700mg
维生素B_1	从0.3mg增加到0.6mg	镁	从65mg增加到140mg
维生素B_2	从0.5mg增加到0.6mg	铁	10mg减少到9mg
维生素B_6	从0.4mg增加到0.6mg	碘	115μg减少到90μg
维生素B_{12}	从0.6mg增加到1.0mg	锌	从3.5mg增加到4.0mg
叶酸	从100μg DFE增加到160μg DFE	硒	20μg增加到25μg

这一阶段如果不重视合理营养，往往会导致宝宝体重不达标，甚至发生营养不良。此时饮食的口味、食物种类、对各种食物的好恶都与带养人的饮食理念、生活习惯有着密切的关系。因此，在这个阶段家长要求宝宝做到的自己一定要以身做则，带养人的示范作用至关重要。

温馨提示

虽然这一阶段辅食逐渐成为主食，但不建议宝宝吃成人的饭菜。因为成人的菜块儿比较大，宝宝难以完全嚼碎，不易吞咽和消化。而且成人吃的菜偏咸，不利于宝宝健康成长。

2 1~2 岁添加辅食的目的

此阶段固体食物变成了提供宝宝成长所需营养的主要来源，奶则成了辅助食物，每日补充 500 毫升奶制品即可，可分别在睡前、饭后、吃零食的时候。如果母乳和配方奶不能满足这个量，可以适当添加一些凝固态酸奶。

注意奶的摄入不要超量，因为如果奶的摄入量大大超过了这个年龄的推荐量，那么宝宝的小肚子喝饱之后就不会觉得饿，许多妈妈觉得宝宝到了1岁后不愿意吃饭，多是这个原因。不要让宝宝养成用奶解渴的习惯，在他已经喝够一天的奶量后应该给他喝水。要让宝宝养成喝白开水的习惯，不要用果汁代替水。

3 1~2 岁宝宝吃的本领

1 ~ 2 岁的宝宝舌头已经能自由地活动，牙龈开始变硬，牙齿从前面的切牙到后面的磨牙开始慢慢长成，已经可以熟练地用牙龈嚼碎食物了。宝宝不仅能将食物咬碎，而且可以根据食物的不同性状和硬度改变咬的方法和力度。但无论如何，宝宝还不具备成人那样的咀嚼能力，因此食物还是要煮软一些、切小一些。

胃容量从婴儿期的 200 毫升增至 300 克左右，但每次进食量仍有限。

12 ~ 15 月龄的宝宝自己吃饭的意识非常强烈，双手能够很好地捧住杯子，可以用勺笨拙地舀起食物并送入嘴里；15 ~ 18 月龄时已经能很好地用勺和杯子了，会耐心地等待食物，喜欢通过玩弄或扔食物来试探父母的反应；18 ~ 24 月龄的宝宝会用勺和手指自己吃饭，对吃什么、怎么吃、吃多少会有自己的想法，不愿意听从父母的安排。

宝宝 1 岁以后就可以自己用杯子喝水了。刚开始要少放一些水，帮助宝宝将杯子边放在下牙床边上，然后倾斜杯子，使上嘴唇碰到水并喝下去。家长可以坐在宝宝的对面，给宝宝做示范。

4 1~2 岁可添加的食物

应增加谷类、蛋、肉、鱼、豆制品、蔬菜等食物的种类和数量，注意饮食的多样化，提倡均衡膳食。不要给宝宝吃油炸食品，少吃或不吃快餐，少喝或不喝甜饮料（包括乳酸饮料）。

这一阶段宝宝能吃的食物的性状已经和成人很接近，就是块儿大小、盐多少及软硬度的问题。比如米饭，成人有的时候愿意吃一粒一粒的硬米饭，宝宝不行，因为他还没有真正的咀嚼功能，所以我们给他吃一点儿软米饭，还可以做一点儿肉末儿米饭。做起来并不麻烦，比如用高压锅做饭，成人吃的米饭多少米、多少水，在给宝宝蒸饭的小碗里多放一点儿水，时间一定，成人的饭熟了，宝宝的饭也熟了。1岁以后，肉块儿可以大一点儿。面条不用煮那么烂，可以做点儿打卤面，甚至淡一点儿的炸酱面，都可以给宝宝吃。

温馨提示

婴幼儿对鲜牛奶的吸收没有对配方奶的吸收好，配方奶中各种营养素的比例和含量更适合宝宝，所以有条件的家庭还是建议继续给宝宝喝配方奶，吃饭不理想或挑食的宝宝更应该选择配方奶。

5 1~2 岁每日添加次数

一般每天可安排 5 次进餐，每餐间隔 3 ～ 3.5 小时，早中晚 3 次正餐，上、下午各加 1 次点心或水果，每次用餐时间在 20 ～ 30 分钟。进餐应有固定场所、桌椅和专用餐具。

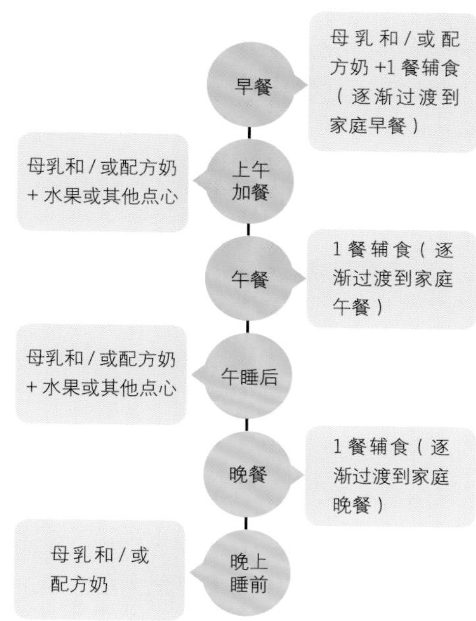

宝宝的每餐饭都要有饭、有菜，主食与菜分盘摆放、分别食用，不再把饭和菜混合在一个碗里吃。分开吃既锻炼宝宝的咀嚼能力，又有利于食物中营养素的吸收；重视荤素搭配，从小培养宝宝爱吃青菜的好习惯；还要注意粗粮和细粮及豆类、薯类食物的合理搭配。

6 养成良好的饮食习惯

- 控制零食，少吃甜食，原则上不吃糖果和果冻类零食。吃过糖果后一定要用清水漱口，睡觉以前不吃糖果，也不嘴含糖果睡觉。

- 原则上不吃油炸食品、烘烤食品、腌制食品和熟食，比如火腿、香肠、红肠、方火腿等，不吃洋快餐。美国营养学家说：“洋快餐会让人慢慢胖起来。”洋快餐存在“四高”和“三少”，即高糖分、高脂肪、高热量、高味精，纤维素少、矿物质少、维生素少，对宝宝生长发育非常不利。

- 让宝宝学习细嚼慢咽，家长要做示范。

- 教育宝宝不要边喝水、边吃饭，这样会冲淡胃内消化液，不利于健康。

- 不吃菜汤泡饭，一则吃菜汤泡饭时不用宝宝咀嚼，不利于食物的消化吸收，且菜汤中含的盐分较高；二则长期不练习咀嚼动作，会影响面、颌部肌肉和舌部功能的发育，对语言功能的开发不利。

- 营造和谐的吃饭环境，家长不在饭桌上谈论饭菜不好吃，不在饭桌上批评宝宝。

- 从小养成良好的卫生习惯，饭前便后、玩完玩具后、外出回来后要用流动水洗手。

- 吃饭前先收好玩具，餐桌上不摆放玩具，吃饭时不玩玩具；吃饭时不讲故事、不听故事、不边吃边看电视。

温馨提示

中国预防医学科学院营养与食品的专家指出：5岁以前是体格发育和智力发育的关键期，中国人普遍存在“潜在饥饿”，仅仅满足蛋白质和热量是不够的，应适量补充维生素和矿物质。

第 3 节 更丰富的主食

要根据 1 ～ 2 岁宝宝的消化吸收特点增加一些杂粮、干豆类和薯类食物，谷类与谷类、谷类与豆类混合食用可以大大提高主食的营养价值（主要是能起到氨基酸互补的作用），还可调节口味儿、改善胃肠功能，如主食中加些小米、玉米面、玉米楂、糙米、红小豆、绿豆、黄豆、黄豆面和薯类等。

1.【强壮身体】

杂粮小馒头

适用年龄 1 岁以上。

所需食材 小米面加标准粉，或玉米面加标准粉，或黄豆粉加玉米粉加标准粉，或荞麦面加标准粉等。

制作方法

❶ 上述混合面粉选一种发酵后揉成面团。

❷ 将面团捏成动物形状，如小乌龟、小鸭子、小刺猬等，每次只做一种形状，上锅蒸熟，做主食食用。

营养点评 杂粮中含有多种矿物质，如钙、铁、锌、铜及 B 族维生素，还含有食物粗纤维，且各种杂粮的氨基酸种类不同，各种不同的谷类联合食用可起到氨基酸互相补充的作用，更利于宝宝的生长发育。有动物造型的小馒头有利于挖掘宝宝的好奇心，提高进食乐趣。

2.【粗细搭配】

小金银花卷

适用年龄 1 岁以上。

所需食材 标准粉，玉米面。

制作方法

❶ 标准粉发酵和成团，用 70 ~ 80℃的水将玉米面和匀。

❷ 将标准粉面团摊在案板上擀成片状，4 ~ 5 毫米厚，上面铺满已和匀的玉米面。

❸ 把已铺平的双层面片，从一个方向向对侧推，卷成卷，用刀按长轴方向横切成约 2 厘米长的花卷，每两个卷放在一起，双手各向反方向卷成花卷状，上锅蒸熟，作为主食。

营养点评 发酵后的面食松软、易咬碎、易咀嚼、易消化。粗粮、细粮搭配后营养更加丰富，且有利于摄入一定量的食物粗纤维。

3.【补钙补铁】

芝麻酱花卷

温馨提示

虽然好吃也不宜多吃，因为极个别的宝宝吃多了可能会便秘。

适用年龄 1岁以上。

所需食材 标准粉适量，芝麻酱少许，食盐1克。

制作方法

❶ 将已发酵好的标准粉面团揉匀，擀成大片状，2 ~ 3毫米厚。

❷ 用凉开水把芝麻调稀酱，加入少许盐。

❸ 将芝麻酱抹在面片上，将面片从一个方向卷成卷。

❹ 将面卷按长轴方向用刀横切成厚度0.8 ~ 1厘米宽的块儿，再将两块儿按90°角叠在一起，捏住两端，分别向两个不同的方向拧半圈成麻花状，上锅蒸熟，做主食用。

营养点评 花卷外形似花朵，很讨宝宝喜爱。芝麻酱中蛋白质及不饱和脂肪酸的量都很高，还含有大量的钙及铁等矿物质及β－胡萝卜素。

4.【营养丰富】

虾仁黑木耳小馄饨

适用年龄 1 岁以上。

所需食材 虾仁 100 克，里脊肉馅（五花肉馅）100 克，干黑木耳 5 克，盐 0.5 克，鸡蛋 1 个，馄饨皮、鸡汤各适量。

制作方法

❶ 虾仁洗净后去掉肠线，然后每个虾仁切成两半。

❷ 鸡蛋磕开后，将蛋黄和蛋清分离。将蛋清倒入肉馅中，朝一个方向搅拌，让其完全混合。

❸ 黑木耳泡软、洗净，切成末儿。

❹ 将黑木耳末、虾仁和肉馅混合在一起，加入盐，搅拌均匀。

❺ 将拌好的肉馅包入馄饨皮中，注意每个馄饨中都包上一些虾仁。

❻ 锅置火上，倒入鸡汤，开锅后就可以下入馄饨了。

❼ 馄饨煮好后可以像小饺子一样让宝宝单独吃，也可以在碗中放入紫菜连汤一起盛入。

营养点评 黑木耳含铁极为丰富，每 100 克黑木耳中含铁 185 毫克，比绿叶蔬菜中含铁量最高的菠菜高出 20 倍。此外，黑木耳中还含有丰富的蛋白质、钙、维生素和粗纤维，食物粗纤维与黑木耳中的多醣共同作用，可预防便秘。黑木耳的蛋白质含量和肉类相当，含钙量是肉类的 20 倍，维生素 B_2 的含量是蔬菜的 10 倍以上。

5.【饭菜合一】

自制小饺子

适用年龄 1岁以上。

所需食材 标准面粉，自制瘦肉馅和新鲜蔬菜（如大白菜、茴香、小白菜、西葫芦等），葱花、植物油及盐少许。

制作方法

❶ 将标准粉和成面团，盖上湿布稍醒几个小时。

❷ 原则上1/3肉馅（包括鱼、虾等）、2/3菜馅，将两种馅混合在一起，放入适量植物油、葱花和食盐。

❸ 将面团分成几份，揪成小圆团，擀成皮，包上馅。一次可以多包一些饺子，多余的生饺子可以用专用食品袋封严，放入冷冻室，下一次再吃。

营养点评 饺子以菜为主，可以培养宝宝吃菜的好习惯。饭菜合一，方便、省时、省事。不同的菜可以做出不同口味的饺子，有利于养成宝宝不挑食的好习惯。

6.【甜蜜的记忆】

自制豆沙包或枣泥包

适用年龄 1岁以上。

所需食材 标准粉，红小豆或干的大红枣。

制作方法

❶ 将标准粉发酵、揉匀，揪成数个小面团。

❷ 取红小豆或干的大红枣洗净、煮透，碾成泥（大枣要去核、去皮，红小豆成泥状后可以放少许红糖）。

❸ 将小面团擀成约0.5厘米厚的面饼，放入适量的红小豆泥或大枣泥，用面包裹严实后即成自制豆沙包或自制枣泥包，上锅蒸熟即可食用。外形上还可以稍加修饰，做成各种造型更惹宝宝喜欢。

营养点评 红小豆中含的矿物质及维生素有钙、铁、锌、硒、β-胡萝卜素、维生素B_2等。干的大枣中含有生物碱、多种氨基酸、果胶、果糖及钙、铁、磷，还含有维生素C和β-胡萝卜素等。

7.【促进发育】

奶香菠菜鸡蛋饼

适用年龄 1岁以上。

所需食材 菠菜2棵，鸡蛋1个，面粉20克，盐、植物油、芝麻粉、配方奶各少许。

制作方法

❶ 菠菜叶洗净，放入开水中焯一下，捞出，放入冷水中，冷却后控干水分，切碎。

❷ 鸡蛋打入碗中，加入切碎的菠菜、盐和配方奶搅拌均匀，放入面粉，继续搅拌成面糊状。

❸ 平底锅加入少量油，倒入面糊，轻轻转动锅，使面糊均匀铺在锅底，然后撒入芝麻粉；待面糊凝固，翻面，将两面煎熟，盛出。

❹ 切小块儿，鼓励宝宝自己用手抓着吃。

营养点评 鸡蛋中的卵磷脂、甘油三酯、胆固醇和卵黄素都有助于宝宝神经系统和身体发育。饼中加入配方奶既增加了营养，又使菜饼多了奶香，让宝宝轻松爱上菠菜。

8.【自己吃饭】

西葫芦糊塌子

适用年龄 1岁以上。

所需食材 西葫芦1/2个，也可以换成大白菜、小白菜、南瓜等，鸡蛋1个，标准面粉，盐、植物油少许。

制作方法

❶ 西葫芦洗净、去皮，擦成丝，攥去水分，加入生鸡蛋及标准粉，放入少许盐，向一个方向搅匀。

❷ 将平底不粘锅置于火上，锅热后放一点点植物油，铺匀。

❸ 将调好的糊糊摆平在锅上，烤熟一面再烤熟另一面，然后切成小块儿放入盘中，让宝宝自己抓、自己吃、自己体验进食乐趣。

营养点评 菜饭合一，有饭、有菜、有营养。自己动手吃饭，培养自理能力。

9.【经典美味】

扬州炒饭

适用年龄 1岁以上。

所需食材 熟米饭、炒熟的鸡蛋、熟鸡肉丁儿或熟牛肉丁儿、黄瓜丁儿、熟豌豆丁儿、胡萝卜丁儿、洋葱末儿各适量，香葱末儿、植物油、盐少许。

制作方法

❶ 炒锅烧热，放入植物油，油热后炒香葱末儿。

❷ 放入炒熟的鸡蛋、熟鸡肉或熟牛肉丁儿、胡萝卜丁儿翻炒入味。

❸ 加入适量熟米饭继续翻炒，加入黄瓜丁儿及熟豌豆丁儿、洋葱末儿，炒匀后放入少许食盐，起锅。

10.【提高免疫力】

牛肝菌火腿焖饭

适用年龄 1岁以上。

所需食材 牛肝菌10克，火腿50克，胡萝卜1/3根，大米250克，盐0.5克，橄榄油适量。

制作方法

❶ 将牛肝菌用温水泡发后洗净，切碎；胡萝卜洗净、去皮，切成碎粒儿；火腿切成小薄片儿。

❷ 大米淘洗干净，倒入电饭煲中，加入适量清水；将切碎的牛肝菌、胡萝卜、火腿和盐倒入大米中，用筷子搅拌均匀，再倒入适量橄榄油，拌匀。

❸ 将电饭煲盖上盖子，按下电饭煲开关，待开关弹起放温即可食用。

营养点评 牛肝菌是营养素含量极为丰富的菌种，每100克牛肝菌可食用部分含热量292千卡、蛋白质23.2克、碳水化合物49.9克、钙11毫克、磷5.2毫克、维生素B_2 4.22毫克，有一定的提高免疫力和预防感冒的作用。

第 4 节 更美味的主菜

1.【补充钙质】

虾皮炒豆腐

适用年龄 1 岁以上。

所需食材 虾皮少许，北豆腐 1 块儿，葱末儿、姜末儿、含铁酱油、糖各适量。

制作方法

❶ 将北豆腐用水焯一下，沥去水，备用。

❷ 虾皮用温开水浸泡 20 分钟，沥去水、切碎，备用。

❸ 炒锅烧热后放入植物油，加入葱末儿、姜末儿炒香，再加入虾皮爆出香味儿，加入豆腐翻炒，放入少许含铁酱油和糖，小火焖 2 ～ 3 分钟，加入水淀粉，熟后起锅。

营养点评 虾皮富含钙、碘、铁、磷及动物优质蛋白；豆腐含有钙、铁及植物性优质蛋白，有利于宝宝的生长发育。

2.【清热祛暑】

虾皮炒冬瓜

适用年龄 1 岁以上。

所需食材 虾皮少许，冬瓜 1 块儿，生鸡蛋 1 个，香菜、植物油及盐少许。

制作方法

❶ 冬瓜去皮去瓤，洗净并切成细条。

❷ 虾皮用温开水浸泡 20 分钟，沥去水，切碎备用。

❸ 炒锅烧热，放入植物油、葱姜末儿、虾皮一起炒，加入少许高汤煮 2 ～ 3 分钟，加入冬瓜条继续煮烂，点入少许盐，淋入打匀的鸡蛋液，撒入香菜末儿，入盘。

营养点评 冬瓜主要产于夏季，每 100 克冬瓜含水分 96.5 克、蛋白质 0.4 克、碳水化合物 2.4 克、热量 11 千卡、粗纤维 0.4 克、钙 19 毫克、磷 12 毫克、铁 0.3 毫克、胡萝卜素 0.01 毫克，具有润肺生津、化痰止渴、利尿消肿、清热祛暑、解毒排脓的功效。

3.【营养宝库】

蘑菇炒油菜

适用年龄 1岁以上。

所需食材 蘑菇（草菇、平菇、干香菇、口蘑、松蘑、冬菇等）2～3个，新鲜油菜2～3棵，葱末儿、姜末儿、食盐、白糖、植物油各适量。

制作方法

❶ 蘑菇洗净、切成丁儿；油菜先浸泡片刻，洗净切成1厘米长的小段儿（最好取叶子多的部分）。

❷ 炒锅烧热，放入植物油，油热加入葱末儿、姜末儿煸香，加入蘑菇丁儿炒透，再放入油菜叶，加入食盐、白糖，翻炒片刻、出锅。

营养点评 油菜中含有丰富的钙、铁和维生素C，胡萝卜素也很丰富，是人体黏膜及上皮组织维持生长的重要营养源，还含有能促进眼睛视紫质合成的物质，有明目的作用。

蘑菇中的蛋白质含量非常高，多在30%以上，比一般的蔬菜和水果要高出很多。蘑菇富含18种氨基酸，其中人体自身不能合成、必须从食物中摄取的8种必需氨基酸在蘑菇里都能找到，而且含量较高。有些蘑菇中蛋白质的氨基酸组成比例甚至比牛肉还好。蘑菇维生素含量也很高：每100克鲜菇中的维生素C含量高达206.28毫克，比富含维生素C的番石榴、柚子、辣椒等水果、蔬菜还要高2～8倍。很多蘑菇中都含有胡萝卜素，在人体内可转变为维生素A，因此蘑菇还有“维生素A宝库”之称。蘑菇维生素D含量非常丰富，能够很好地促进钙的吸收，有利于骨骼健康。蘑菇中的纤维素含量远远超过一般蔬菜，可以防止便秘。它还具有解毒作用，帮助如铅、砷、苯等有害物质排出体外。

4.【优质蛋白质】

红烧海鱼豆腐

适用年龄 1岁以上。

所需食材 海鱼1条，北豆腐1块儿，葱末儿、含铁酱油、白糖、料酒各适量。

制作方法

❶ 将海鱼去鳞、洗净、剔除鱼刺，切成小丁儿或者干脆用已经烧熟的鱼（容易剔除刺）。

❷ 北豆腐在开水中焯一下，切成小块儿。

❸ 炒锅烧热，加入植物油，油热后将切好的鱼丁儿煎黄，加入料酒，盖上盖小火焖3分钟。

❹ 加入北豆腐翻炒后再焖2～3分钟，加入葱末儿、少许铁酱油、白糖，旺火至汤稠，起锅。

营养点评 海鱼刺少，方便剔刺儿；鱼肉肌纤维短、肉质细嫩，易被宝宝吸收。豆腐中含有植物蛋白质及钙、铁，此道菜肴大大提高了豆腐中钙的吸收率。

5.【预防贫血】

鸭血炒豆腐

适用年龄 1岁。

所需食材 鸭血、北豆腐、胡萝卜丝、水发细海带丝、料酒、水淀粉、食盐各适量。

制作方法

❶ 将鸭血处理干净后切成1.5×1.5厘米的小块儿，放入沸水中煮20分钟备用。

❷ 北豆腐用水焯一下，切成小块儿。

❸ 炒锅烧热，放入植物油，油热后将鸭血及北豆腐放入煸炒2分钟。

❹ 加入少许高汤及海带丝、胡萝卜丝，烧开后撇去浮沫儿，加入料酒，水淀粉勾芡，加入少许食盐，起锅。

营养点评 鸭血低脂肪、低热量，富含铁、钙等矿物质及蛋白质，是补铁佳品；豆腐为优质植物蛋白来源，含钙、铁、锌、镁。经常吃这道菜有预防缺铁性贫血的作用。

6.【多种矿物质】

清炒多彩丁儿

适用年龄 1岁以上。

所需食材 鲜虾丁儿、鲜豌豆丁儿（或鲜毛豆丁儿）、香菇丁儿、芹菜丁儿、胡萝卜丁儿、水淀粉、生鸡蛋清、葱花、姜末、食盐各适量。

制作方法

❶ 将洗净的鲜虾丁儿用鸡蛋清、水淀粉抓匀，炒熟备用；香菇丁儿、鲜豌豆丁儿、芹菜丁儿、胡萝卜丁儿焯熟备用。

❷ 炒锅烧热、放入植物油，油热炒香葱花、姜末，加入各种丁儿，放入少许高汤、加盖焖3～4分钟，再加入少许食盐（0.2～0.5克），翻炒匀，起锅，入盘。

营养点评 鲜虾肉富含动物性优质蛋白，且易于消化吸收；还含有不饱和脂肪酸，也易于吸收，同时还含有钙、碘、磷、钾等矿物质；蔬菜含B族维生素、维生素C、β-胡萝卜素、钙、铁等营养素。

7.【健胃消食】

肉末儿炒西红柿

适用年龄 1岁以上。

所需食材 里脊肉50克，西红柿1个，葱末儿、食盐、植物油各适量。

制作方法

❶ 将鲜里脊肉切碎，或用榨汁机绞成肉馅，用水淀粉抓匀。

❷ 西红柿洗净切块儿，现炒现切。

❸ 炒锅烧热，加入植物油，油热后放入葱末儿及肉末儿，煸炒至肉末儿变为白色，淋入少许水，加盖焖熟肉末儿；加入切好的西红柿、翻炒，小火焖3分钟，加入少许食盐，起锅。

营养点评 瘦肉为完全蛋白质，其所含人体必需氨基酸较多，易被人体吸收，同时还含有铁、锌、铜等矿物质；西红柿中含有丰富的番茄红素，具有抗氧化功能，炒熟后更易被人体吸收，同时还含有B族维生素、维生素C及钙、铁、锌、硒等营养素。

8.【清热解毒】

鸡蛋炒西红柿

适用年龄 1岁以上。

所需食材 生鸡蛋1个，西红柿1个，葱末儿、食盐、植物油各适量。

制作方法

❶ 将西红柿洗净、去皮、切成块儿；生鸡蛋打匀备用。

❷ 炒锅烧热，加入植物油，油热加入葱末儿及西红柿翻炒片刻，随即将打匀的鸡蛋液均匀地撒在西红柿块儿上，上盖焖5分钟，再轻轻翻炒，加少许食盐，起锅。

温馨提示

西红柿中含丰富的番茄红素，具有抗氧化作用，炒熟后更易被人体吸收，但西红柿在加热过程中也会被氧化，故本菜肴是将生鸡蛋液均匀撒在西红柿块上，意在尽量避免番茄红素在炒熟的过程中被氧化。

9.【紫色食物】

肉末儿炒茄丁儿

适用年龄 1岁以上。

所需食材 里脊肉50克，茄子1个（长、圆均可），葱花、含铁酱油各适量。

制作方法

❶ 将茄子洗净、去皮，切成丁儿；鲜里脊肉切成丁儿，用水淀粉抓匀。

❷ 炒锅烧热，放入植物油，油热后将茄丁儿炒黄，取出备用。

❸ 锅底留少许油，炒香葱花，再放入里脊肉丁儿，翻炒至肉丁儿颜色发白。

❹ 加入熟茄丁儿，加入少许水，小火焖3分钟，加入少许铁酱油，炒匀，起锅。

营养点评 茄子是为数不多的紫色蔬菜，在它的紫皮中含有丰富的维生素E和维生素P，可软化微细血管，防止小血管出血；茄子纤维中所含的维生素C和皂草苷具有降低胆固醇的功效；此外，茄子所含的B族维生素对慢性胃炎及肾炎、水肿等也有一定辅助治疗作用。

10.【润肠祛火】

肉末儿炒芥蓝

适用年龄 1岁以上。

所需食材 里脊肉50克，芥蓝3～4棵，蒜末儿、料酒、食盐、植物油各适量。

制作方法

❶ 将里脊肉切碎，或用榨汁机绞成肉馅，用水淀粉抓匀。

❷ 将芥蓝洗净，切成1厘米长的小段儿（多取叶子部分）。

❸ 炒锅烧热，加入植物油，油热后放入少许蒜末儿及肉末儿煸炒，同时加入少量料酒（去掉芥蓝的苦涩），焖至肉末儿熟。

❹ 放入芥蓝叶煸炒1～2分钟，加少许盐，起锅。

营养点评 小里脊肉为猪瘦肉，为优质蛋白质；芥蓝含有丰富的维生素A、维生素C、钙等，有润肠去热、下虚火、止牙龈出血的功效。

11.【健脑安神】

黄瓜沙拉

适用年龄 1 岁以上。

所需食材 黄瓜丁儿（或西红柿丁儿）、樱桃丁儿、沙拉酱或酸奶各适量。

制作方法

将上述蔬菜、水果洗净、切成丁儿，放入深盘内，拌入沙拉或酸奶即可。

温馨提示

新鲜蔬菜及水果中的营养素，易在空气中被氧化，应现吃现做；黄瓜中含有维生素 C 分解酸酶，与西红柿同吃时，易使西红柿中的维生素 C 被破坏。

营养点评 黄瓜中含有的维生素 C 具有提高人体免疫功能的作用，黄瓜中的黄瓜酶有很强的生物活性，能有效地促进机体的新陈代谢。黄瓜含有维生素 B_1，对改善大脑和神经系统功能有利，能安神定志。

12.【化痰止咳】

凉拌油麦菜

适用年龄 1 岁以上。

所需食材 黑芝麻酱，油麦菜，盐。

制作方法

❶ 将黑芝麻酱用温开水调稀。

❷ 将油麦菜洗净，切成 1 厘米长的菜段儿。

❸ 将切好的油麦菜放入碗内，把调好的黑芝麻酱放入少许盐拌匀，倒在油麦菜上即可。根据宝宝的口味可以加点儿醋。

营养点评 油麦菜是一种低热量、高营养的蔬菜，每 100 克含水分 95.70 克、膳食纤维 0.60 克、胡萝卜素 360 微克视黄醇当量、维生素 B_2 0.10 毫克、维生素 C 20 毫克、钾 100 毫克、钠 80 毫克、钙 70 毫克、镁 29 毫克、铁 1.20 毫克、锌 0.43 毫克、磷 31 毫克、硒 1.55 微克，具有清燥润肺、化痰止咳等功效。

13.【补碘补钙】

海带烧豆腐

适用年龄 1岁以上。

所需食材 北豆腐1块儿，水发海带丝及熟豌豆丁儿、高汤适量，香油、料酒、食盐少许。

制作方法

① 取少许高汤煮沸，加入水发海带丝煮烂。

② 北豆腐切成小块儿，豌豆丁儿入高汤锅中，上盖小火焖5分钟，滴入香油及料酒，加少许盐起锅。

营养点评 海带含碘量很高，同时含有钙、铁、锌等及海带胶；北豆腐为植物优质蛋白，含钙、铁、锌、镁。

14.【补充维生素A】

牛肉丝炒西蓝花

适用年龄 1岁以上。

所需食材 牛里脊肉（3厘米见方），西蓝花2～3朵，橄榄油及含铁酱油少许。

制作方法

① 将牛里脊切成小丁儿；西蓝花洗净，切成小朵儿。

② 热锅，放少许橄榄油，放入切好的牛里脊丁儿翻炒。

③ 放入西蓝花翻炒至软烂即可，可放几滴含铁酱油。

营养点评 牛里脊富含脂肪和维生素A，西蓝花中富含维生素A原，是非常好的健康菜肴。

15.【益智补钾】

玉米金针菇排骨汤

适用年龄 1岁以上。

所需食材 甜玉米1/4根，排骨250克，金针菇100克，盐0.5克。

制作方法

❶ 排骨洗净后放入沸水中焯一下，捞出。

❷ 将锅刷洗干净后重新倒入适量清水，放入排骨，大火烧开后改小火煮炖。

❸ 甜玉米粒洗净；金针菇洗净后去除根部、切碎。

❹ 将玉米粒儿切碎加入排骨汤锅中，煮1～2小时。

❺ 最后加入金针菇，继续煮20分钟，加盐调味即可。

营养点评 金针菇是一种营养价值很高的食用菌，它含有丰富的蛋白质和多糖类，尤其含有赖氨酸、精氨酸和大量的锌，有利于宝宝大脑的发育，故被称为“益智菇”。金针菇的维生素含量也高于一般蔬菜。除此之外，它还含有丰富的钾、磷、钙、铁等。长期食用金针菇可增强人体抵抗力，还有清除体内重金属的作用。

16.【解渴利尿】

肉末儿翠衣

适用年龄 1岁以上。

所需食材 西瓜皮，瘦牛肉，香葱，含铁酱油，橄榄油，盐，淀粉。

制作方法

❶ 西瓜皮去掉绿皮、红瓤，洗净后切成细丁儿，放少许盐腌制5分钟，挤去水分备用；瘦牛肉剁成肉末儿，加少许淀粉抓匀备用；香葱切末儿。

❷ 炒锅加热，放入橄榄油，在油冒白烟以前加入香葱和牛肉末儿，煸炒至肉末儿变白，放入少许含铁酱油焖至牛肉已熟，加入西瓜皮丁儿再翻炒约1分钟即可起锅。

营养点评 西瓜皮又称“翠衣”，含有维生素A、维生素B、维生素C、铁、钾、钙、磷、锌、镁、谷氨酸、精氨酸、果酸、果糖等。夏天吃些西瓜皮可以清暑除烦、解渴利尿。

第 5 节 1~2岁营养配餐举例

1 食物的种类与比例

1～2岁的宝宝，固体食物已成为主要的营养来源，每天应保证谷薯类50～100克，肉禽鱼类50～75克，1个鸡蛋，500毫升奶。

与前一阶段相比，1岁以后辅食的添加总量和各主要食物类别的添加量都有明显增加。

2 不同季节推荐添加的食物

❶ 春季推荐添加的食物

1岁以后，宝宝逐渐会走、会跑，运动量随之加大，能量消耗增加。春季要注意补充碳水化合物（吃好主食），以获取生长发育所需的能量。与此同时，还应重视优质蛋白质和钙的补充。可以给宝宝吃些豆制品和鱼、肉等高钙高蛋白的食物，同时还要保证奶的供给。

维生素A、维生素D和胡萝卜素的补充也是不容忽视的。维生素D可以促进钙的吸收，而机体对于维生素D的吸收又与维生素A密不可分；除了天然存在的维生素A之外，胡萝卜素也能部分转化成维生素A。此外，维生素A和胡萝卜素还有助于维护呼吸道的健康，对春季易发的呼吸道疾病有一定的预防作用。

春季气候比较干燥，家长还要注意适当增加宝宝的饮水量。饭菜口味应以清淡为主，多蒸少煮，多清炒少油炸。

春天，气温由冷变暖，不要过多食用热性食物，比如羊肉；不要食用高脂肪及刺激性强的辛辣、酸味食物，比如油腻食物、辣椒、葱、姜、蒜等。如果宝宝是过敏体质，要注意避免食用海带、虾、鱼等富含组氨酸的海鲜。

❷ 夏季推荐添加的食物

夏季天气炎热，宝宝容易出现精神不好、情绪不好、胃口不好、睡眠不好、体重不增的情况，调理好脾胃有利于宝宝的生长发育。

在给宝宝做饭的时候，要强调变！变！变！比如中午吃饺子，晚上就可以给宝宝煮面条；今天上午蒸鸡蛋羹，明天再蒸鸡蛋羹的时候就可以变花样，比如鸡蛋羹里加几颗桃丁儿，既改变鸡蛋羹的味道，又增添了颜色，对宝宝有极大的吸引力，使宝宝愿意吃饭。另外，给宝宝做的饭要容易消化吸收，进食千万不要过量，吃饱为止。

③ 秋季推荐添加的食物

炎热的夏天，宝宝出汗多，丢失了很多维生素和矿物质。秋季天气慢慢凉了，宝宝的胃口跟夏季比开始好起来，父母应该把宝宝的饮食调理好，经过秋冬的储备，为来年的快速成长做准备。

④ 冬季推荐添加的食物

冬天热量消耗大，饮食量要适当增加，以满足对机体的需要。但高蛋白、高脂肪的食物要控制，多吃厚味肥甘之物，不仅对机体无益，还会增加机体的负担。

冬天气温低，宝宝户外活动减少，接受太阳照射的时间也随之减少，容易出现维生素 D 缺乏，应该在宝宝的饮食中增加一些富含维生素 D 的食物。还要注意补充矿物质。有医学研究表明，如果体内缺乏矿物质，身体就容易产生怕冷的感觉。

3 春季 1 周营养配餐举例

周 一

早餐：母乳和 / 或配方奶 + 枣泥小米粥 + 水果蛋羹

加餐：母乳和 / 或配方奶 + 蒸红枣

午餐：肉末儿软饭 + 清炒多彩丁

加餐：母乳和 / 或配方奶 + 蒸红枣

晚餐：枣泥小米粥 + 蘑菇炒油菜

晚上睡前：母乳和 / 或配方奶

周 二

早餐：母乳和 / 或配方奶 + 山药粥 + 家常蛋羹

加餐：母乳和 / 或配方奶

午餐：豌豆尖鸡肝面

加餐：母乳和 / 或配方奶 + 苹果

晚餐：山药粥 + 肉末儿炒油菜

晚上睡前：母乳和 / 或配方奶

周 三

早餐：母乳和 / 或配方奶 + 鲜肉小馄饨 + 苹果

加餐：母乳和 / 或配方奶

午餐：肉末儿软饭 + 菠菜炒鸡蛋

加餐：母乳和 / 或配方奶 + 银耳百合炖雪梨

晚餐：菠菜粥 + 虾皮炒豆腐

晚上睡前：母乳和 / 或配方奶

周四

早餐：母乳和/或配方奶+
芋头粥+菜末儿蛋羹

加餐：母乳和/或配方奶

午餐：猪肉荠菜饺子

加餐：母乳和/或配方奶+樱桃桂花银耳羹

晚餐：胡萝卜粥+蘑菇炒油菜

晚上睡前：母乳和/或配方奶

周五

早餐：母乳和/或配方奶+
香菇鸡肉粥+草莓

加餐：母乳和/或配方奶

午餐：菜末儿软饭+红烧草鱼豆腐

加餐：母乳和/或配方奶+银耳百合炖雪梨

晚餐：西红柿鸡蛋面

晚上睡前：母乳和/或配方奶

周六

早餐：母乳和/或配方奶+
菠菜鸡蛋面+虾粒蛋羹

加餐：母乳和/或配方奶

午餐：菜末儿软饭+红烧血豆腐

加餐：母乳和/或配方奶+苹果

晚餐：柳叶面片儿

晚上睡前：母乳和/或配方奶

周日

早餐：母乳和/或配方奶+
虾仁黑木耳小馄饨+雪梨条

加餐：母乳和/或配方奶

午餐：菜末儿软饭+鸭血炒豆腐

加餐：母乳和/或配方奶+草莓

晚餐：小米粥+什蔬软饼

晚上睡前：母乳和/或配方奶

4 夏季1周营养配餐举例

周一

早餐：母乳和/或配方奶+
绿豆粥+水果蛋羹

加餐：母乳和/或配方奶

午餐：肉末儿软饭+鸭血炒豆腐

加餐：母乳和/或配方奶+西瓜

晚餐：绿豆粥+肉末儿小白菜

晚上睡前：母乳和/或配方奶

周二

早餐：母乳和 / 或配方奶 +
薏米草莓粥 + 虾粒蛋羹

加餐：母乳和 / 或配方奶

午餐：菠菜鸡肝面

加餐：母乳和 / 或配方奶 + 银耳百合炖雪梨

晚餐：薏米大米粥 + 黄瓜炒鸡蛋

晚上睡前：母乳和 / 或配方奶

周三

早餐：母乳和 / 或配方奶 +
鲜肉小馄饨 + 清炒芥蓝

加餐：母乳和 / 或配方奶

午餐：肉末儿软饭 + 西红柿炒鸡蛋

加餐：母乳和 / 或配方奶 + 木瓜

晚餐：荷叶粥 + 红烧豆腐

晚上睡前：母乳和 / 或配方奶

周四

早餐：母乳和 / 或配方奶 +
绿豆莲子粥 + 肉末儿蛋羹

加餐：母乳和 / 或配方奶

午餐：自制小饺子

加餐：母乳和 / 或配方奶 + 枇杷冰糖饮

晚餐：西红柿面片儿

晚上睡前：母乳和 / 或配方奶

周五

早餐：母乳和 / 或配方奶 +
薏米草莓粥 + 菜末儿蛋羹

加餐：母乳和 / 或配方奶

午餐：菜末儿软饭 + 清蒸黄花鱼

加餐：母乳和 / 或配方奶 + 绿豆沙

晚餐：薏米草莓粥 + 菜末儿鸡蛋饼

晚上睡前：母乳和 / 或配方奶

周六

早餐：母乳和 / 或配方奶 +
荷叶粥 + 虾粒蛋羹

加餐：母乳和 / 或配方奶

午餐：菜末儿软饭 + 肉末儿炒茄丁儿

加餐：母乳和 / 或配方奶 + 西瓜

晚餐：柳叶面片儿

晚上睡前：母乳和 / 或配方奶

周日

早餐：母乳和/或配方奶+
虾仁黑木耳小馄饨+清炒小白菜

加餐：母乳和/或配方奶

午餐：菜末儿软饭+里脊炒南瓜丁儿

加餐：母乳和/或配方奶+椰汁

晚餐：小米粥+什蔬软饼

晚上睡前：母乳或配方奶

5 秋季1周营养配餐举例

周一

早餐：母乳和/或配方奶+
二米粥+水果蛋羹

加餐：母乳和/或配方奶

午餐：肉末儿软饭+鸭血炒豆腐

加餐：母乳和/或配方奶+苹果

晚餐：二米粥+清炒西蓝花

晚上睡前：母乳和/或配方奶

周二

早餐：母乳和/或配方奶+
山药粥+虾粒蛋羹

加餐：母乳和/或配方奶

午餐：菜末儿软饭+红枣枸杞蒸猪肝

加餐：母乳和/或配方奶+银耳百合炖雪梨

晚餐：山药粥+肉末儿炒胡萝卜

晚上睡前：母乳和/或配方奶

周三

早餐：母乳和/或配方奶+
虾仁黑木耳小馄饨+银耳百合炖雪梨

加餐：母乳和/或配方奶

午餐：扬州炒饭+冬瓜丸子汤

加餐：母乳和/或配方奶+葡萄

晚餐：菜末儿粥+虾皮炒豆腐

晚上睡前：母乳和/或配方奶

周四

早餐：母乳和/或配方奶+
胡萝卜粥+肉末儿蛋羹

加餐：母乳和/或配方奶

午餐：自制小饺子

加餐：母乳和/或配方奶+香蕉

晚餐：西红柿面片儿

晚上睡前：母乳和/或配方奶

周五

早餐：母乳和/或配方奶+芋头粥+蒸红枣

加餐：母乳和/或配方奶

午餐：菜末儿软饭+红烧海鱼豆腐

加餐：母乳和/或配方奶+蒸红枣

晚餐：芋头粥+菜末儿鸡蛋饼

晚上睡前：母乳和/或配方奶

周六

早餐：母乳和/或配方奶+紫菜粥+虾粒蛋羹

加餐：母乳和/或配方奶

午餐：菜末儿软饭+海带烧豆腐

加餐：母乳和/或配方奶+橙汁

晚餐：柳叶面片儿

晚上睡前：母乳和/或配方奶

周日

早餐：母乳和/或配方奶+虾仁黑木耳小馄饨+清炒西蓝花

加餐：母乳和/或配方奶

午餐：牛肝菌火腿焖饭+玉米金针菇排骨汤

加餐：母乳和/或配方奶+猕猴桃

晚餐：小米粥+什蔬软饼

晚上睡前：母乳和/或配方奶

6 冬季1周营养配餐举例

周一

早餐：母乳和/或配方奶+红枣小米粥+水果蛋羹

加餐：母乳和/或配方奶

午餐：肉末儿软饭+鸭血炒豆腐

加餐：母乳和/或配方奶+苹果

晚餐：红枣小米粥+清炒油菜

晚上睡前：母乳和/或配方奶

周二

早餐：母乳和/或配方奶+山药粥+虾粒蛋羹

加餐：母乳和/或配方奶

午餐：菜末儿软饭+红枣枸杞蒸猪肝

加餐：母乳和/或配方奶+银耳百合炖雪梨

晚餐：山药粥+肉末儿炒胡萝卜

晚上睡前：母乳和/或配方奶

周三

早餐：母乳和/或配方奶+
虾仁黑木耳小馄饨+银耳百合炖雪梨

加餐：母乳和/或配方奶

午餐：扬州炒饭+白菜丸子汤

加餐：母乳和/或配方奶+橙子

晚餐：菜末儿粥+虾皮炒豆腐

晚上睡前：母乳和/或配方奶

周四

早餐：母乳和/或配方奶+
胡萝卜粥+肉末儿蛋羹

加餐：母乳和/或配方奶

午餐：自制小饺子

加餐：母乳和/或配方奶+香蕉

晚餐：紫薯水果粥+虾皮炒豆腐

晚上睡前：母乳和/或配方奶

周五

早餐：母乳和/或配方奶+
芋头粥+蒸红枣

加餐：母乳和/或配方奶

午餐：菜末儿软饭+红烧海鱼豆腐

加餐：母乳和/或配方奶+蒸红枣

晚餐：芋头粥+菜末儿鸡蛋饼

晚上睡前：母乳和/或配方奶

周六

早餐：母乳和/或配方奶+
紫菜粥+虾粒蛋羹

加餐：母乳和/或配方奶

午餐：菜末儿软饭+海带烧豆腐

加餐：母乳和/或配方奶+橘子

晚餐：柳叶面片儿

晚上睡前：母乳和/或配方奶

周日

早餐：母乳和/或配方奶+
虾仁黑木耳小馄饨+苹果

加餐：母乳和/或配方奶

午餐：牛肝菌火腿焖饭+玉米金针菇排骨汤

加餐：母乳和/或配方奶+苹果

晚餐：小米粥+什蔬软饼

晚上睡前：母乳和/或配方奶

附　　录

世界卫生组织儿童生长标准（2006 年）①

男孩出生至 24 月龄身长标准表

（cm）

月龄	−3SD	−2SD	−1SD	0SD	+1SD	+2SD	+3SD
	轻度生长迟缓	正常					偏高
出生	44.2	46.1	48.0	49.9	51.8	53.7	55.6
1	48.9	50.8	52.8	54.7	56.7	58.6	60.6
2	52.4	54.4	56.4	58.4	60.4	62.4	64.4
3	55.3	57.3	59.4	61.4	63.5	65.5	67.6
4	57.6	59.7	61.8	63.9	66.0	68.0	70.1
5	59.6	61.7	63.8	65.9	68.0	70.1	72.2
6	61.2	63.3	65.5	67.6	69.8	71.9	74.0
7	62.7	64.8	67.0	69.2	71.3	73.5	75.7
8	64.0	66.2	68.4	70.6	72.8	75.0	77.2
9	65.2	67.5	69.7	72.0	74.2	76.5	78.7
10	66.4	68.7	71.0	73.3	75.6	77.9	80.1
11	67.6	69.9	72.2	74.5	76.9	79.2	81.5
12	68.6	71.0	73.4	75.7	78.1	80.5	82.9
13	69.6	72.1	74.5	76.9	79.3	81.8	84.2
14	70.6	73.1	75.6	78.0	80.5	83.0	85.5
15	71.6	74.1	76.6	79.1	81.7	84.2	86.7
16	72.5	75.0	77.6	80.2	82.8	85.4	88.0
17	73.3	76.0	78.6	81.2	83.9	86.5	89.2
18	74.2	76.9	79.6	82.3	85.0	87.7	90.4
19	75.0	77.7	80.5	83.2	86.0	88.8	91.5
20	75.8	78.6	81.4	84.2	87.0	89.8	92.6
21	76.5	79.4	82.3	85.1	88.0	90.9	93.8
22	77.2	80.2	83.1	86.0	89.0	91.9	94.9
23	78.0	81.0	83.9	86.9	89.9	92.9	95.9
24	78.7	81.7	84.8	87.8	90.9	93.9	97.0

① 数据引自世界卫生组织网站

男孩出生至24月龄体重标准表

（kg）

月龄	−3SD	−2SD	−1SD	0SD	+1SD	+2SD	+3SD
	中度体重不足	轻度体重不足	正常				超重或肥胖
出生	2.1	2.5	2.9	3.3	3.9	4.4	5.0
1	2.9	3.4	3.9	4.5	5.1	5.8	6.6
2	3.8	4.3	4.9	5.6	6.3	7.1	8.0
3	4.4	5.0	5.7	6.4	7.2	8.0	9.0
4	4.9	5.6	6.2	7.0	7.8	8.7	9.7
5	5.3	6.0	6.7	7.5	8.4	9.3	10.4
6	5.7	6.4	7.1	7.9	8.8	9.8	10.9
7	5.9	6.7	7.4	8.3	9.2	10.3	11.4
8	6.2	6.9	7.7	8.6	9.6	10.7	11.9
9	6.4	7.1	8.0	8.9	9.9	11.0	12.3
10	6.6	7.4	8.2	9.2	10.2	11.4	12.7
11	6.8	7.6	8.4	9.4	10.5	11.7	13.0
12	6.9	7.7	8.6	9.6	10.8	12.0	13.3
13	7.1	7.9	8.8	9.9	11.0	12.3	13.7
14	7.2	8.1	9.0	10.1	11.3	12.6	14.0
15	7.4	8.3	9.2	10.3	11.5	12.8	14.3
16	7.5	8.4	9.4	10.5	11.7	13.1	14.6
17	7.7	8.6	9.6	10.7	12.0	13.4	14.9
18	7.8	8.8	9.8	10.9	12.2	13.7	15.3
19	8.0	8.9	10.0	11.1	12.5	13.9	15.6
20	8.1	9.1	10.1	11.3	12.7	14.2	15.9
21	8.2	9.2	10.3	11.5	12.9	14.5	16.2
22	8.4	9.4	10.5	11.8	13.2	14.7	16.5
23	8.5	9.5	10.7	12.0	13.4	15.0	16.8
24	8.6	9.7	10.8	12.2	13.6	15.3	17.1

男孩出生至24月龄体重指数（BMI）值[①]

月龄	−3SD	−2SD	−1SD	0SD	+1SD	+2SD	+3SD
	消瘦	偏瘦	正常			超重	肥胖
出生	10.2	11.1	12.2	13.4	14.8	16.3	18.1
1	11.3	12.4	13.6	14.9	16.3	17.8	19.4
2	12.5	13.7	15.0	16.3	17.8	19.4	21.1
3	13.1	14.3	15.5	16.9	18.4	20.0	21.8
4	13.4	14.5	15.8	17.2	18.7	20.3	22.1
5	13.5	14.7	15.9	17.3	18.8	20.5	22.3
6	13.6	14.7	16.0	17.3	18.8	20.5	22.3
7	13.7	14.8	16.0	17.3	18.8	20.5	22.3
8	13.6	14.7	15.9	17.3	18.7	20.4	22.2
9	13.6	14.7	15.8	17.2	18.6	20.3	22.1
10	13.5	14.6	15.7	17.0	18.5	20.1	22.0
11	13.4	14.5	15.6	16.9	18.4	20.0	21.8
12	13.4	14.4	15.5	16.8	18.2	19.8	21.6
13	13.3	14.3	15.4	16.7	18.1	19.7	21.5
14	13.2	14.2	15.3	16.6	18.0	19.5	21.3
15	13.1	14.1	15.2	16.4	17.8	19.4	21.2
16	13.1	14.0	15.1	16.3	17.7	19.3	21.0
17	13.0	13.9	15.0	16.2	17.6	19.1	20.9
18	12.9	13.9	14.9	16.1	17.5	19.0	20.8
19	12.9	13.8	14.9	16.1	17.4	18.9	20.7
20	12.8	13.7	14.8	16.0	17.3	18.8	20.6
21	12.8	13.7	14.7	15.9	17.2	18.7	20.5
22	12.7	13.6	14.7	15.8	17.2	18.7	20.4
23	12.7	13.6	14.6	15.8	17.1	18.6	20.3
24	12.7	13.6	14.6	15.7	17.0	18.5	20.3

① BMI=体重（千克）/身高（米）^{2}

女孩出生至24月龄身长标准表

（cm）

月龄	-3SD	-2SD	-1SD	0SD	+1SD	+2SD	+3SD
	轻度生长迟缓	正常					偏高
出生	43.6	45.4	47.3	49.1	51.0	52.9	54.7
1	47.8	49.8	51.7	53.7	55.6	57.6	59.5
2	51.0	53.0	55.0	57.1	59.1	61.1	63.2
3	53.5	55.6	57.7	59.8	61.9	64.0	66.1
4	55.6	57.8	59.9	62.1	64.3	66.4	68.6
5	57.4	59.6	61.8	64.0	66.2	68.5	70.7
6	58.9	61.2	63.5	65.7	68.0	70.3	72.5
7	60.3	62.7	65.0	67.3	69.6	71.9	74.2
8	61.7	64.0	66.4	68.7	71.1	73.5	75.8
9	62.9	65.3	67.7	70.1	72.6	75.0	77.4
10	64.1	66.5	69.0	71.5	73.9	76.4	78.9
11	65.2	67.7	70.3	72.8	75.3	77.8	80.3
12	66.3	68.9	71.4	74.0	76.6	79.2	81.7
13	67.3	70.0	72.6	75.2	77.8	80.5	83.1
14	68.3	71.0	73.7	76.4	79.1	81.7	84.4
15	69.3	72.0	74.8	77.5	80.2	83.0	85.7
16	70.2	73.0	75.8	78.6	81.4	84.2	87.0
17	71.1	74.0	76.8	79.7	82.5	85.4	88.2
18	72.0	74.9	77.8	80.7	83.6	86.5	89.4
19	72.8	75.8	78.8	81.7	84.7	87.6	90.6
20	73.7	76.7	79.7	82.7	85.7	88.7	91.7
21	74.5	77.5	80.6	83.7	86.7	89.8	92.9
22	75.2	78.4	81.5	84.6	87.7	90.8	94.0
23	76.0	79.2	82.3	85.5	88.7	91.9	95.0
24	76.7	80.0	83.2	86.4	89.6	92.9	96.1

女孩出生至 24 月龄体重标准表

（kg）

月龄	−3SD	−2SD	−1SD	0SD	+1SD	+2SD	+3SD
	中度体重不足	轻度体重不足	正常				超重或肥胖
出生	2.0	2.4	2.8	3.2	3.7	4.2	4.8
1	2.7	3.2	3.6	4.2	4.8	5.5	6.2
2	3.4	3.9	4.5	5.1	5.8	6.6	7.5
3	4.0	4.5	5.2	5.8	6.6	7.5	8.5
4	4.4	5.0	5.7	6.4	7.3	8.2	9.3
5	4.8	5.4	6.1	6.9	7.8	8.8	10.0
6	5.1	5.7	6.5	7.3	8.2	9.3	10.6
7	5.3	6.0	6.8	7.6	8.6	9.8	11.1
8	5.6	6.3	7.0	7.9	9.0	10.2	11.6
9	5.8	6.5	7.3	8.2	9.3	10.5	12.0
10	5.9	6.7	7.5	8.5	9.6	10.9	12.4
11	6.1	6.9	7.7	8.7	9.9	11.2	12.8
12	6.3	7.0	7.9	8.9	10.1	11.5	13.1
13	6.4	7.2	8.1	9.2	10.4	11.8	13.5
14	6.6	7.4	8.3	9.4	10.6	12.1	13.8
15	6.7	7.6	8.5	9.6	10.9	12.4	14.1
16	6.9	7.7	8.7	9.8	11.1	12.6	14.5
17	7.0	7.9	8.9	10.0	11.4	12.9	14.8
18	7.2	8.1	9.1	10.2	11.6	13.2	15.1
19	7.3	8.2	9.2	10.4	11.8	13.5	15.4
20	7.5	8.4	9.4	10.6	12.1	13.7	15.7
21	7.6	8.6	9.6	10.9	12.3	14.0	16.0
22	7.8	8.7	9.8	11.1	12.5	14.3	16.4
23	7.9	8.9	10.0	11.3	12.8	14.6	16.7
24	8.1	9.0	10.2	11.5	13.0	14.8	17.0

女孩出生至24月龄体重指数（BMI）值

月龄	-3SD	-2SD	-1SD	0SD	+1SD	+2SD	+3SD
	消瘦	偏瘦	正常			超重	肥胖
出生	10.1	11.1	12.2	13.3	14.6	16.1	17.7
1	10.8	12.0	13.2	14.6	16.0	17.5	19.1
2	11.8	13.0	14.3	15.8	17.3	19.0	20.7
3	12.4	13.6	14.9	16.4	17.9	19.7	21.5
4	12.7	13.9	15.2	16.7	18.3	20.0	22.0
5	12.9	14.1	15.4	16.8	18.4	20.2	22.2
6	13.0	14.1	15.5	16.9	18.5	20.3	22.3
7	13.0	14.2	15.5	16.9	18.5	20.3	22.3
8	13.0	14.1	15.4	16.8	18.4	20.2	22.2
9	12.9	14.1	15.3	16.7	18.3	20.1	22.1
10	12.9	14.0	15.2	16.6	18.2	19.9	21.9
11	12.8	13.9	15.1	16.5	18.0	19.8	21.8
12	12.7	13.8	15.0	16.4	17.9	19.6	21.6
13	12.6	13.7	14.9	16.2	17.7	19.5	21.4
14	12.6	13.6	14.8	16.1	17.6	19.3	21.3
15	12.5	13.5	14.7	16.0	17.5	19.2	21.1
16	12.4	13.5	14.6	15.9	17.4	19.1	21.0
17	12.4	13.4	14.5	15.8	17.3	18.9	20.9
18	12.3	13.3	14.4	15.7	17.2	18.8	20.8
19	12.3	13.3	14.4	15.7	17.1	18.8	20.7
20	12.2	13.2	14.3	15.6	17.0	18.7	20.6
21	12.2	13.2	14.3	15.5	17.0	18.6	20.5
22	12.2	13.1	14.2	15.5	16.9	18.5	20.4
23	12.2	13.1	14.2	15.4	16.9	18.5	20.4
24	12.1	13.1	14.2	15.4	16.8	18.4	20.3

① BMI=体重（千克）/身高（米）^{2}

我国卫计委 2009 年发布的儿童生长发育参照标准①

出生至 2 岁男童身高（长）标准值

（cm）

年龄	月龄	−3SD	−2SD	−1SD	中位数	+1SD	+2SD	+3SD
出生	出生	45.2	46.9	48.6	50.4	52.2	54.0	55.8
	1	48.7	50.7	52.7	54.8	56.9	59.0	61.2
	2	52.2	54.3	56.5	58.7	61.0	63.3	65.7
	3	55.3	57.5	59.7	62.0	64.3	66.6	69.0
	4	57.9	60.1	62.3	64.6	66.9	69.3	71.7
	5	59.9	62.1	64.4	66.7	69.1	71.5	73.9
	6	61.4	63.7	66.0	68.4	70.8	73.3	75.8
	7	62.7	65.0	67.4	69.8	72.3	74.8	77.4
	8	63.9	66.3	68.7	71.2	73.7	76.3	78.9
	9	65.2	67.6	70.1	72.6	75.2	77.8	80.5
	10	66.4	68.9	71.4	74.0	76.6	79.3	82.1
	11	67.5	70.1	72.7	75.3	78.0	80.8	83.6
1 岁	12	68.6	71.2	73.8	76.5	79.3	82.1	85.0
	15	71.2	74.0	76.9	79.8	82.8	85.8	88.9
	18	73.6	76.6	79.6	82.7	85.8	89.1	92.4
	21	76.0	79.1	82.3	85.6	89.0	92.4	95.9
2 岁	24	78.3	81.6	85.1	88.5	92.1	95.8	99.5

出生至 2 岁男童体重标准值

（kg）

年龄	月龄	−3SD	−2SD	−1SD	中位数	+1SD	+2SD	+3SD
出生	出生	2.26	2.58	2.93	3.32	3.73	4.18	4.66
	1	3.09	3.52	3.99	4.51	5.07	5.67	6.33
	2	3.94	4.47	5.05	5.68	6.38	7.14	7.97
	3	4.69	5.29	5.97	6.70	7.51	8.40	9.37
	4	5.25	5.91	6.64	7.45	8.34	9.32	10.39
	5	5.66	6.36	7.14	8.00	8.95	9.99	11.15
	6	5.97	6.70	7.51	8.41	9.41	10.50	11.72
	7	6.24	6.99	7.83	8.76	9.79	10.93	12.20
	8	6.46	7.23	8.09	9.05	10.11	11.29	12.60
	9	6.67	7.46	8.35	9.33	10.42	11.64	12.99
	10	6.86	7.67	8.58	9.58	10.71	11.95	13.34
	11	7.04	7.87	8.80	9.83	10.98	12.26	13.68
1 岁	12	7.21	8.06	9.00	10.05	11.23	12.54	14.00
	15	7.68	8.57	9.57	10.68	11.93	13.32	14.88
	18	8.13	9.07	10.12	11.29	12.61	14.09	15.75
	21	8.61	9.59	10.69	11.93	13.33	14.90	16.66
2 岁	24	9.06	10.09	11.24	12.54	14.01	15.67	17.54

① 数据引自我国卫计委网站

出生至 2 岁女童身高（长）标准值

（cm）

年龄	月龄	−3SD	−2SD	−1SD	中位数	+1SD	+2SD	+3SD
出生	出生	44.7	46.4	48.0	49.7	51.4	53.2	55.0
	1	47.9	49.8	51.7	53.7	55.7	57.8	59.9
	2	51.1	53.2	55.3	57.4	59.6	61.8	64.1
	3	54.2	56.3	58.4	60.6	62.8	65.1	67.5
	4	56.7	58.8	61.0	63.1	65.4	67.7	70.0
	5	58.6	60.8	62.9	65.2	67.4	69.8	72.1
	6	60.1	62.3	64.5	66.8	69.1	71.5	74.0
	7	61.3	63.6	65.9	68.2	70.6	73.1	75.6
	8	62.5	64.8	67.2	69.6	72.1	74.7	77.3
	9	63.7	66.1	68.5	71.0	73.6	76.2	78.9
	10	64.9	67.3	69.8	72.4	75.0	77.7	80.5
	11	66.1	68.6	71.1	73.7	76.4	79.2	82.0
1 岁	12	67.2	69.7	72.3	75.0	77.7	80.5	83.4
	15	70.2	72.9	75.6	78.5	81.4	84.3	87.4
	18	72.8	75.6	78.5	81.5	84.6	87.7	91.0
	21	75.1	78.1	81.2	84.4	87.7	91.1	94.5
2 岁	24	77.3	80.5	83.8	87.2	90.7	94.3	98.0

出生至 2 岁女童体重标准值

（kg）

年龄	月龄	−3SD	−2SD	−1SD	中位数	+1SD	+2SD	+3SD
出生	出生	2.26	2.54	2.85	3.21	3.63	4.10	4.65
	1	2.98	3.33	3.74	4.20	4.74	5.35	6.05
	2	3.72	4.15	4.65	5.21	5.86	6.60	7.46
	3	4.40	4.90	5.47	6.13	6.87	7.73	8.71
	4	4.93	5.48	6.11	6.83	7.65	8.59	9.66
	5	5.33	5.92	6.59	7.36	8.23	9.23	10.38
	6	5.64	6.26	6.96	7.77	8.68	9.73	10.93
	7	5.90	6.55	7.28	8.11	9.06	10.15	11.40
	8	6.13	6.79	7.55	8.41	9.39	10.51	11.80
	9	6.34	7.03	7.81	8.69	9.70	10.86	12.18
	10	6.53	7.23	8.03	8.94	9.98	11.16	12.52
	11	6.71	7.43	8.25	9.18	10.24	11.46	12.85
1 岁	12	6.87	7.61	8.45	9.40	10.48	11.73	13.15
	15	7.34	8.12	9.01	10.02	11.18	12.50	14.02
	18	7.79	8.63	9.57	10.65	11.88	13.29	14.90
	21	8.26	9.15	10.15	11.30	12.61	14.12	15.85
2 岁	24	8.70	9.64	10.70	11.92	13.31	14.92	16.77

重点推荐食物营养素含量速查[1]

谷类及制品营养素含量速查表

每 100g 可食部

食物名称	蛋白质（克）	碳水化合物（克）	不溶性纤维（克）	维生素 B_1（毫克）	维生素 B_2（毫克）	钙（毫克）	磷（毫克）	钾（毫克）	钠（毫克）	镁（毫克）	铁（毫克）	锌（毫克）	硒（微克）
稻米（平均）	7.4	77.9	0.7	0.11	0.05	13	110	103	3.8	34	2.3	1.70	2.23
粳米粥	1.0	9.9	0.1		0.03	7	20	13	2.8	7	0.1	0.20	0.20
玉米（鲜）	4.0	22.8	2.9	0.16	0.11		117	238	1.1	32	1.1	0.90	1.63
玉米面（黄）	8.0	73.1	6.2	0.34	0.06	12	187	276	0.5	111	1.3	1.22	1.58
小米	9.0	75.1	1.6	0.33	0.10	41	229	284	4.3	107	5.1	1.87	4.74
小米粥	1.4	8.4		0.02	0.07	10	32	19	4.1	22	1.0	0.41	0.30
薏米	12.8	71.1	2.0	0.22	0.15	42	217	238	3.6	88	3.6	1.68	3.07
薏米面	11.3	73.5	4.8	0.07	0.14	42	134	163	2.3	50	7.4	1.39	3.06
小麦（标准粉）	11.2	73.6	2.1	0.28	0.08	31	188	190	3.1	50	3.5	1.64	5.36

薯类及制品营养素含量速查表

每 100g 可食部

食物名称	碳水化合物（克）	不溶性纤维（克）	胡萝卜素（微克）	维生素 B_1（毫克）	维生素 B_2（毫克）	维生素 C（毫克）	钙（毫克）	钾（毫克）	钠（毫克）	镁（毫克）	铁（毫克）	锌（毫克）	硒（微克）
土豆	17.2	0.7	30	0.08	0.04	27	8	342	2.7	23	0.8	0.37	0.78
红薯	24.7	1.6	750	0.04	0.04	26	23	130	28.5	12	0.5	0.15	0.48
藕粉	93.0	0.1			0.01		8	35	10.8	2	17.9	0.15	2.10

干豆类及制品营养素含量速查表

每 100g 可食部

食物名称	蛋白质（克）	脂肪（克）	碳水化合物（克）	不溶性纤维（克）	胡萝卜素（微克）	维生素 B_1（毫克）	维生素 B_2（毫克）	维生素 E（毫克）	钙（毫克）	钾（毫克）	钠（毫克）	镁（毫克）	铁（毫克）	锌（毫克）	硒（微克）
黄豆	35.0	16.0	34.2	15.5	220	0.41	0.20	18.90	191	1503	2.2	199	8.2	3.34	6.16
北豆腐	12.2	4.8	2.0	0.5	30	0.05	0.03	6.70	138	106	7.3	63	2.5	0.63	1.55
南豆腐	6.2	2.5	2.6	0.2		0.02	0.04	3.62	116	154	3.1	36	1.5	0.59	2.62
内脂豆腐	5.0	1.9	3.3	0.4		0.06	0.03	3.26	17	95	6.4	24	0.8	0.55	0.81
绿豆	21.6	0.8	62.0	6.4	130	0.25	0.11	10.95	81	787	3.2	125	6.5	2.18	4.28
红小豆	20.2	0.6	63.4	7.7		0.16	0.11	14.36	74	860	2.2	138	7.4	2.20	3.80
红小豆粥	1.2	0.4	13.7	0.6				0.19	13	45	2.3	17	0.6	0.33	0.50
红豆沙	5.5	1.9	52.7	1.7		0.03	0.05	4.37	42	139	23.5	2	8.0	0.32	0.89

① 数据引自《中国食物成分表》

蔬菜类营养素含量速查表

每 100g 可食部

食物名称	不溶性纤维（克）	胡萝卜素（微克）	维生素 B_1（毫克）	维生素 B_2（毫克）	维生素C（毫克）	钙（毫克）	钾（毫克）	钠（毫克）	镁（毫克）	铁（毫克）	锌（毫克）	硒（微克）
白萝卜	1.0	20	0.02	0.03	21	36	173	61.8	16	0.5	0.3	0.61
胡萝卜	1.1	4130	0.04	0.03	13	32	190	71.4	14	1.0	0.23	0.63
毛豆	4.0	130	0.15	0.07	27	135	478	3.9	70	3.5	1.73	2.48
豌豆（鲜）	3.0	220	0.43	0.09	14	21	332	1.2	43	1.7	1.29	1.74
豌豆尖	1.3	2710	0.07	0.23	11	17	160	3.2	24	5.1	0.93	1.94
茄子	1.3	50	0.02	0.04	5	24	142	5.4	13	0.5	0.23	0.48
西红柿	0.5	550	0.03	0.03	19	10	163	5.0	9	0.4	0.13	0.15
冬瓜	0.7	80	0.01	0.01	18	19	78	1.8	8	0.2	0.07	0.22
黄瓜	0.5	90	0.02	0.03	9	24	102	4.9	15	0.5	0.18	0.38
苦瓜	1.4	100	0.03	0.03	56	14	256	2.5	18	0.7	0.36	0.36
南瓜	0.8	890	0.03	0.04	8	16	145	0.8	8	0.4	0.14	0.46
西葫芦	0.6	30	0.01	0.03	6	15	92	5.0	9	0.3	0.12	0.28
洋葱	0.9	20	0.03	0.03	8	24	147	4.4	15	0.6	0.23	0.92
大白菜	0.8	120	0.04	0.05	31	50		57.5	11	0.7	0.38	0.49
小白菜	1.1	1680	0.02	0.09	28	90	278	73.5	18	1.9	0 .51	1.17
油菜	0.7	1460	0.01	0.08	7	153	157	53.0	27	3.9	0.87	
西蓝花	1.6	7210	0.09	0.13	51	67	17	18.8	17	1.0	0.78	0.70
芥蓝	1.6	3450	0.02	0.09	76	128	104	50.5	18	2.0	1.30	0.88
菠菜	1.7	2920	0.04	0.11	32	66	311	85.2	58	2.9	0.85	0.97
木耳菜	1.5	2020	0.06	0.06	34	166	140	47.2	62	3.2	0.32	2.60
芹菜	1.4	60	0.01	0.08	12	48	154	73.8	10	0.8	0.46	0.47
香菜	1.2	1160	0.04	0.14	48	101	272	48.5	33	2.9	0.45	0.53
紫苋菜	1.8	1490	0.03	0.10	30	178	340	42.3	38	2.9	0.70	0.09
茴香	1.6	2410	0.06	0.09	26	154	149	186.3	46	1.2	0.73	0.77
荠菜	1.7	2590	0.04	0.15	43	294	280	31.6	37	5.4	0.68	0.51
百合	1.7		0.02	0.04		32	344	37.3	42	5.9	1.31	2.29
菱角（老）	1.7	10	0.19	0.06	13	7	437	5.8	49	0.6	0.62	
荸荠	1.1	20	0.02	0.02	7	4	306	15.7	12	0.6	0.34	0.70
山药	0.8	20	0.05	0.02	5	16	213	18.6	20	0.3	0.27	0.55
芋头	1.0	160	0.06	0.05	6	36	378	33.1	23	1.0	0.49	1.45
香椿芽	1.8	700	0.07	0.12	40	96	172	4.6	36	3.9	2.25	0.42

菌藻类营养素含量速查表

每 100g 可食部

食物名称	蛋白质（克）	碳水化合物（克）	不溶性纤维（克）	维生素 B_1（毫克）	维生素 B_2（毫克）	钙（毫克）	钾（毫克）	钠（毫克）	镁（毫克）	铁（毫克）	锌（毫克）	硒（微克）
黑木耳（干）	12.1	65.6	29.9	0.17	0.44	247	757	48.5	152	97.4	3.18	3.72
香菇（干）	20.0	61.7	31.6	0.19	1.26	83	464	11.2	147	10.5	8.57	6.42
银耳（干）	10.0	67.3	30.4	0.05	0.25	36	1588	82.1	54	4.1	3.03	2.95
紫菜（干）	26.7	44.1	21.6	0.27	1.02	264	1796	710.5	105	54.9	2.47	7.22

水果类营养素含量速查表

每 100g 可食部

食物名称	碳水化合物（克）	不溶性纤维（克）	胡萝卜素（微克）	维生素 B_1（毫克）	维生素 B_2（毫克）	维生素 C（毫克）	钙（毫克）	钾（毫克）	钠（毫克）	镁（毫克）	铁（毫克）	锌（毫克）	硒（微克）
苹果（平均）	13.5	1.2	20	0.06	0.02	4	4	119	1.6	4	0.6	0.19	0.12
梨（平均）	13.3	3.1	33	0.03	0.06	6	9	92	2.1	8	0.5	0.46	1.14
红果	25.1	3.1	100	0.02	0.02	53	52	299	5.4	19	0.9	0.28	1.22
桃	12.2	1.3	20	0.01	0.03	7	6	166	5.7	7	0.8	0.34	0.24
大枣（干）	81.8	9.5		0.08	0.15	7	54	185	8.3	39	2.1	0.45	1.54
樱桃	10.2	0.3	210	0.02	0.02	10	11	232	8.0	12	0.4	0.23	0.21
葡萄	10.3	0.4	50	0.04	0.02	25	5	104	1.3	8	0.4	0.18	0.20
葡萄干	83.4	1.6		0.09		5	52	995	19.1	45	9.1	0.18	2.74
中华猕猴桃	14.5	2.6	130	0.05	0.02	62	27	144	10.0	12	1.2	0.57	0.28
草莓	7.1	1.1	30	0.02	0.03	47	18	131	4.2	12	1.8	0.14	0.70
橙子	11.1	0.6	160	0.05	0.04	33	20	159	1.2	14	0.4	0.14	0.31
柑橘（平均）	11.9	0.4	890	0.08	0.04	28	35	154	1.4	11	0.2	0.08	0.30
柚子	9.5	0.4	10		0.03	23	4	119	3.0	4	0.3	0.40	0.70
柠檬	6.2	1.3		0.05	0.02	22	101	209	1.1	37	0.8	0.65	0.50
桂圆	16.6	0.4	20	0.01	0.14	43	6	248	3.9	10	0.2	0.40	0.83
荔枝	16.6	0.5	10	0.10	0.04	41	2	151	1.7	12	0.4	0.17	0.14
芒果	8.3	1.3	897	0.01	0.04	23		138	2.8	14	0.2	0.09	1.44
木瓜	7.0	0.8	870	0.01	0.02	43	17	18	28.0	9	0.2	0.25	1.80
香蕉	22.0	1.2	60	0.02	0.04	8	7	256	0.8	43	0.4	0.18	0.87
椰子	31.3	4.7		0.01	0.01	6	2	475	55.6	65	1.8	0.92	
枇杷	9.3	0.8		0.01	0.03	8	17	122	4.0	10	1.1	0.21	0.72
哈密瓜	7.9	0.2	920		0.01	12	4	190	26.7	19		0.13	1.10
西瓜	5.8	0.3	450	0.02	0.03	6	8	87	3.2	8	0.3	0.10	0.17

坚果种子类营养素含量速查表

每 100g 可食部

食物名称	蛋白质（克）	脂肪（克）	碳水化合物（克）	胡萝卜素（微克）	维生素 B_1（毫克）	维生素 B_2（毫克）	维生素 C（毫克）	维生素 E（毫克）	钙（毫克）	钾（毫克）	钠（毫克）	镁（毫克）	铁（毫克）	硒（微克）
核桃	14.9	58.8	19.1	0.15	0.14	1	43.21	56	294	6.4	131	2.7	2.17	4.62
山核桃	18.0	50.4	26.2	0.16	0.09		65.55	57	521	250.7	306	6.8	6.42	0.87
栗子	5.3	1.7	78.4	0.08	0.15	25	11.45			8.5	56	1.2	1.32	
花生仁	24.8	44.3	21.7	0.72	0.13	2	18.09	39	324	3.6	178	2.1	2.50	3.94
莲子	17.2	2.0	67.2	0.16	0.08	5	2.71	97	550	5.1	242	3.6	2.78	3.36
黑芝麻	19.1	46.1	24.0	0.66	0.25		50.40	780	516	8.3	290	22.7	6.13	4.70

畜肉类及制品营养素含量速查表

每 100g 可食部

食物名称	蛋白质（克）	脂肪（克）	胆固醇（毫克）	视黄醇（微克）	维生素 B_1（毫克）	维生素 B_2（毫克）	钙（毫克）	钾（毫克）	钠（毫克）	镁（毫克）	铁（毫克）	锌（毫克）	硒（微克）
猪里脊	20.2	7.9	55	5	0.47	0.12	6	317	43.2	28	1.5	2.3	5.25
熟猪蹄	23.6	17.0	86		0.13	0.04	32	18	363.2	3	2.4	0.78	4.20
猪肝	19.3	3.5	288	4972	0.21	2.08	6	235	68.6	24	22.6	5.78	19.21
猪血	12.2	0.3	51		0.03	0.04	4	56	56.0	5	8.7	0.28	7.94
牛肉（瘦）	20.2	2.3	58	6	0.07	0.13	9	284	53.6	21	2.8	3.71	10.55
羊肉（瘦）	20.5	3.9	60	11	0.15	0.16	9	403	69.4	22	3.9	6.06	7.18

禽肉类及制品营养素含量速查表

每 100g 可食部

食物名称	蛋白质（克）	脂肪（克）	胆固醇（毫克）	视黄醇（微克）	维生素 B_1（毫克）	维生素 B_2（毫克）	钙（毫克）	钾（毫克）	钠（毫克）	镁（毫克）	铁（毫克）	锌（毫克）	硒（微克）
鸡胸脯肉	19.4	5.0	82	16	0.07	0.13	3	338	34.4	28	0.6	0.51	10.50
鸡肝	16.6	4.8	356	10414	0.33	1.10	7	222	92.0	16	12.0	2.40	38.55
鸭胸脯肉	15.0	1.5	121		0.01	0.07	6	126	60.2	24	4.1	1.17	12.62
鸭肝	14.5	7.5	341	1040	0.26	1.05	18	230	87.2	18	23.1	3.08	57.27
鸭血	13.6	0.4	95		0.06	0.06	5	166	173.6	8	30.5	0.50	

蛋类营养素含量速查表

每 100g 可食部

食物名称	蛋白质（克）	脂肪（克）	胆固醇（毫克）	视黄醇（微克）	维生素 B_1（毫克）	维生素 B_2（毫克）	维生素 E（毫克）	钙（毫克）	钾（毫克）	钠（毫克）	镁（毫克）	铁（毫克）	锌（毫克）	硒（微克）
鸡蛋（平均）	13.3	8.8	585	234	0.11	0.27	1.84	56	154	131.5	10	2.0	1.10	14.34
鸡蛋白	11.6	0.1			0.04	0.31	0.01	9	132	79.4	15	1.6	0.02	6.97
鸡蛋黄	15.2	28.2	1510	428	0.33	0.29	5.06	112	95	54.9	41	6.5	3.79	27.01
鸭蛋	12.6	13.0	565	261	0.17	0.35	4.98	62	135	106.0	13	2.9	1.67	15.68
鸭蛋白	9.9			23	0.01	0.07	0.16	18	84	71.2	21	0.1		4.00
鸭蛋黄	14.5	33.8	1576	1980	0.28	0.62	12.72	123	86	30.1	22	4.9	3.09	25.00
鹌鹑蛋	12.8	11.1	515	337	0.11	0.49	3.08	47	138	106.6	11	3.2	1.61	25.48

鱼虾蟹贝类营养素含量速查表

每 100g 可食部

食物名称	蛋白质（克）	脂肪（克）	胆固醇（毫克）	视黄醇（微克）	维生素 B_1（毫克）	维生素 B_2（毫克）	钙（毫克）	钾（毫克）	钠（毫克）	镁（毫克）	铁（毫克）	锌（毫克）	硒（微克）
鲫鱼	17.1	2.7	130	17	0.04	0.09	79	290	41.2	41	1.3	1.94	14.31
带鱼	17.7	4.9	76	29	0.02	0.06	28	280	150.1	43	1.2	0.70	36.57
大黄鱼	17.7	2.5	86	10	0.03	0.10	53	260	120.3	39	0.7	0.58	42.57
鲈鱼	18.6	3.4	86	19	0.03	0.17	138	205	144.1	37	2.0	2.83	33.06
鳕鱼	20.4	0.5	114	14	0.04	0.13	42	321	130.3	84	0.5	0.86	24.80
对虾	18.6	0.8	193	15	0.01	0.07	62	215	165.2	43	1.5	2.38	33.72
基围虾	18.2	1.4	181		0.02	0.07	83	250	172.0	45	2.0	1.18	39.70
虾皮	30.7	2.2	428	19	0.02	0.14	991	617	5057.7	265	6.7	1.93	74.42
海米	43.7	2.6	525	21	0.01	0.12	555	550	4891.9	236	11.0	3.82	75.40
牡蛎	5.3	2.1	100	27	0.01	0.13	131	200	462.1	65	7.1	9.39	86.64
扇贝	11.1	0.6	140			0.10	142	122	339.0	39	7.2	11.69	20.22

图书在版编目（CIP）数据

宝宝辅食添加与营养配餐（第 2 版）/ 李璞著．—修订本．—北京：北京科学技术出版社，2015.7（2018.6 重印）
ISBN 978-7-5304-7864-6

Ⅰ．①宝… Ⅱ．①李… Ⅲ．①婴幼儿－食谱 Ⅳ．① TS972.162

中国版本图书馆 CIP 数据核字 (2015) 第 143617 号

宝宝辅食添加与营养配餐（第 2 版）

作　　者：李　璞
责任编辑：刘　宁
装帧设计：天露霖文化
责任印制：张　良
出 版 人：曾庆宇
出版发行：北京科学技术出版社
社　　址：北京西直门南大街 16 号
邮政编码：100035
电话传真：0086-10-66135495（总编室）
0086-10-66113227（发行部）
0086-10-66161952（发行部传真）
网　　址：www.bkydw.cn
电子邮箱：bjkj@bjkjpress.com
经　　销：新华书店
印　　制：北京宝隆世纪印刷有限公司
开　　本：710mm × 1000mm　1/16
印　　张：14.5
版　　次：2015 年 7 月第 1 版
印　　次：2018 年 6 月第 6 次印刷
ISBN 978-7-5304-7864-6 / T · 824

定　　价：49.80 元